Tiancai

职业技能培训鉴定教材

农艺工—甜菜种植

（高级 技师 高级技师）

主 编 孟新伟
编 者 孟新伟 王 莹
赵东宾 袁裕淮
审 稿 钟茂新 王元荣

中国劳动社会保障出版社

图书在版编目(CIP)数据

农艺工——甜菜种植：高级　技师　高级技师/人力资源和社会保障部教材办公室，新疆生产建设兵团劳动和社会保障局、农业局组织编写. —北京：中国劳动社会保障出版社，2009

职业技能培训鉴定教材

ISBN 978-7-5045-8110-5

Ⅰ. 农…　Ⅱ. ①人…②新…　Ⅲ. ①农业技术-职业技能鉴定-教材②甜菜-栽培-职业技能鉴定-教材　Ⅳ. S　S566.3

中国版本图书馆 CIP 数据核字(2009)第 224246 号

中国劳动社会保障出版社出版发行

(北京市惠新东街 1 号　邮政编码：100029)

出 版 人：张梦欣

*

北京北苑印刷有限责任公司印刷装订　新华书店经销

787 毫米×960 毫米　16 开本　8 印张　149 千字

2009 年 12 月第 1 版　　2009 年 12 月第 1 次印刷

定价：15.00 元

读者服务部电话：010-64929211

发行部电话：010-64927085

出版社网址：http://www.class.com.cn

教材编审委员会

教材编审委员会办公室

内容简介

本教材以《国家职业标准·农艺工》为依据，结合新疆生产建设兵团农业生产实际经验编写。教材在编写过程中紧紧围绕“以企业需求为导向，以职业能力为核心”的理念，力求突出职业技能培训特色，满足职业技能培训与鉴定考核的需要。

本教材详细介绍了农艺工（甜菜种植）高级、技师、高级技师要求掌握的最新实用知识和技术。全书分为高级、技师和高级技师三大部分，共10个单元，主要内容包括：苗期管理、田间管理、收获管理、技术管理和培训指导等。每一单元后安排了单元测试题及答案，每个级别后提供了理论知识考核试卷，供读者巩固、检验学习效果时参考使用。

本教材是农艺工（甜菜种植）高级、技师和高级技师职业技能培训与鉴定考核用书，也可供相关人员参加在职培训、岗位培训使用。

前 言

为满足各级培训、鉴定部门和广大劳动者的需要，人力资源和社会保障部教材办公室、中国劳动社会保障出版社在总结以往教材编写经验的基础上，联合新疆生产建设兵团劳动和社会保障局、兵团农业局和兵团职业技能鉴定中心，依据国家职业标准和企业对各类技能人才的需求，研发了农业类系列职业技能培训鉴定教材，涉及农艺工、果树工、蔬菜工、牧草工、农作物植保员、家畜饲养工、家禽饲养工、农机修理工、拖拉机驾驶员、联合收割机驾驶员、白酒酿造工、乳品检验员、沼气生产工、制油工、制粉工等职业和工种。新教材除了满足地方、行业、产业需求外，也具有全国通用性。这套教材力求体现以下主要特点：

在编写原则上，突出以职业能力为核心。教材编写贯穿“以职业标准为依据，以企业需求为导向，以职业能力为核心”的理念，依据国家职业标准，结合企业实际，反映岗位需求，突出新知识、新技术、新工艺、新方法，注重职业能力培养。凡是职业岗位工作中要求掌握的知识和技能，均作详细介绍。

在使用功能上，注重服务于培训和鉴定。根据职业发展的实际情况和培训需求，教材力求体现职业培训的规律，反映职业技能鉴定考核的基本要求，满足培训对象参加各级各类鉴定考试的需要。

在编写模式上，采用分级模块化编写。纵向上，教材按照国家职业资格等级编写，各等级合理衔接、步步提升，为技能人才培养搭建科学的阶梯型培训架构。横向上，教材按照职业功能分模块展开，安排足量、适用的内容，贴近生产实际，贴近培训对象需要，贴近市场需求。

在内容安排上，增强教材的可读性。为便于培训、鉴定部门在有限的时间内把最重要的知识和技能传授给培训对象，同时也便于培训对象迅速抓住重点，提高学习效率，在教材中精心设置了“培训目标”等栏目，以提示应该达到的目标，需要掌握的重点、难点、鉴定点和有关的扩展知识。另外，每个学习单元后安排了单元测试题，每个级别的教材都提供了理论知识考核试卷，方便培训对象及时巩固、检验学习效果，并对本职业鉴定考核形式有初步的了解。

本系列教材在编写过程中得到新疆生产建设兵团劳动和社会保障局、兵团农业局和兵团职业技能鉴定中心的大力支持和热情帮助，在此一并致以诚挚的谢意。

编写教材有相当的难度，是一项探索性工作。由于时间仓促，不足之处在所难免，恳切希望各使用单位和个人对教材提出宝贵意见，以便修订时加以完善。

人力资源和社会保障部教材办公室

目录

第三部分　农艺工——甜菜种植（高级技师）

ZHIYE JINENG PEIXUN JIANDING JIAOCAI

第一部分

农艺工——甜菜种植（高级）

第1单元

幼苗期管理

第一节　苗情诊断

→ 掌握常见病虫害症状

→ 能够进行幼苗形态、长势及苗情诊断

一、苗期常见病虫害症状、特征及其防治方法

1. 苗期病害症状

（1）甜菜立枯病。甜菜立枯病是甜菜幼苗期的主要病害，也称为黑脚病、苗腐病、猝倒病，各产区都有不同程度的发生。通常发病率在20%～30%，大面积发生时，常常造成田间缺苗严重，不得不补种，甚至毁种。

1）症状。甜菜种子发芽后到幼苗3对真叶期均可发生立枯病，而2～4片真叶期发病最重。立枯病是由多种病菌引起的。其症状大体有以下3类：

①幼苗未出土即腐死。

②子叶期胚轴变黑、变细而枯死。

③真叶生出时枯死。一般发病的症状是最先在幼根和子叶下胚轴出现水浸状、浅褐色病斑，逐渐变为深褐色、黑色，病斑上下扩展，严重时，遍及整个下胚轴和根部，感病部位变细、变黑并发生腐烂，导致幼苗倒伏、死亡。感病较轻的幼苗虽然能够继续生长，但是常常形成两头粗、中间细的葫芦形根；或因主根坏死，又生出许多岔根。

2）发病条件。由于甜菜立枯病致病条件有多种，因此，发病条件不完全相同。一般在以下情况下容易发病。

①土壤低温、多湿或气温低时发病严重。因为低温、多湿导致幼苗出苗慢，增加病菌侵染的机会和条件。

②土壤过于黏重、板结、排水不良，因为这样的土壤中幼苗生长不良，对病菌抵抗力弱。

③整地质量差，种子采种时受到病菌侵染。

④在重茬、迎茬地种植甜菜，容易发生立枯病。

3）防治方法。甜菜立枯病的防治，主要用杀菌剂处理种子，并采取相应的农业技术措施。

药剂处理种子：

①用0.8%的福美双或敌克松拌种，即每100 kg种子用0.8 kg的50%福美双或

95%敌克松可湿性粉剂拌种，防治效果可达60%左右。

②用0.8%敌克松液浸种。即每100 kg种子浸入0.8 kg敌克松兑70 kg水配成的浸种液中。24 h后捞出，风干后即可播种。

③用0.8%的福美双与土菌消拌种（两种药剂各占一半）。

④用5%菌毒清水剂300倍液浸种24 h。

农业技术措施：

①切实实行合理轮作。最好选择禾谷类作物为前茬，不用菜茬，杜绝甜菜重茬、迎茬。

②精细整地，适时播种，覆土不宜过厚（以3～4 cm为宜），促使幼苗早出土。

③及时松土，破除板结层，提高地温。

④1～2对真叶时及时间苗。苗簇过密时，不应拔除而应掐断不要的苗，以免拔苗时损伤留苗的根，容易感染立枯病。

⑤增施磷肥作为种肥，提高幼苗的抗病能力。用量为每亩（1亩＝666.7 m^2）施15 kg过磷酸钙或30 kg骨粉。

（2）甜菜根腐病。甜菜根腐病是甜菜受多种真菌和细菌侵染而引起的块根腐烂病的总称。我国各甜菜产区均有发生。尤其是多年种植甜菜的地区发病严重。一般会导致减产10%～40%，含糖显著下降，严重地块导致块根绝产。

1）症状。感病甜菜植株矮小，叶色由浅绿变成黄绿，叶片变薄，呈黑褐色、卷曲、枯萎等症状。最初零星发生，逐渐成行或成片发生。有时地上叶部症状不明显，只有在中午日光强烈照射时，失水萎蔫，呈匐匍状。根部症状因致病菌不同，大致有以下几种：

①镰刀菌根腐。病菌主要由伤口侵入根表皮，产生水浸状不规则病斑，并逐渐深入根体内，使根导管变褐硬化，块根变黑干腐，根内成空腔或“乱麻团状”。

②丝核菌根颈腐烂。主要由丝核菌引起。最初在叶柄基部及根冠部出现褐色斑点，逐渐腐烂，并向下扩展到根体，腐烂处凹陷并形成黑褐色纵向裂沟，裂沟上有褐色菌丝体；腐烂组织向根内扩展，可使整个根体腐烂。严重感病的根颈、叶柄基部可见到褐色菌丝体。这种根腐病的症状发生较晚，多见于低洼下湿地。

③蛇眼菌黑腐。由蛇眼病菌引起。首先发生在根冠部，出现黑褐色的云纹状斑块，并略凹陷，但一般不侵入块根内部。

④细菌性根尾腐烂。由甜菜黄湿杆菌等引起。从根尾开始发病，向根体上部扩展。腐烂组织呈褐色或黑褐色，维管束环变褐色，逐渐扩展到整个根体。土壤含水量大时，根尾呈水浸状，有酸臭味黏液流出。

⑤白绢菌根腐。由白绢菌引起。一般从根冠发生，向根体扩展，发病部出现白绢状菌丝，并在菌丝上结成褐色油菜子大小的菌核，根组织逐渐腐烂，只剩下纤维，湿度大

时，白色菌丝沿地面向邻株扩展。

2）发病条件。甜菜根腐病是由多种真菌和细菌引起的，不同病菌生存条件虽然不同，但是它们多属于土壤习居菌，也多从茎根的损伤处侵入，所以，土壤、气候条件及植株生育状况和发病有密切的关系。根腐病通常在以下情况下发生。

①地势低洼、排水不良、土质黏重、通透性差的地块，根系发育不良。

②温度过高，湿度过大，易导致丝核菌菌丝体大量繁殖，侵染甜菜植株。

③轮作年限短，或重茬、迎茬，甜菜致病菌残留量大，容易导致发病。

④地下害虫危害甜菜根系，或间苗、中耕时损伤根系，为病菌侵入创造条件。

3）防治方法。由于甜菜根腐病发病原因复杂，尚缺乏明显有效的防治药剂。目前，主要是采取"预防为主，综合防治"的办法，以预防和减轻病害发生。

①选择地下水位低、排水良好、土质肥沃的平川地种植，避免在排水不良的低洼下湿地种植。如果地势较低，应采用大垄或高畦，挖好排水沟，使积水能及时排出。

②合理轮作，选好前茬。老种植区应实行 6 年轮作制，以恢复地力，减少致病菌的数量。同时，前茬作物最好选择麦类、玉米。豆茬、蔬菜茬不宜种植甜菜。

③深耕深松，及时铲蹚。深耕深松及铲蹚可以加深耕层，提高地温，加强土壤通透性，促进根系发达，增强抗病能力，减轻发病。

④增施磷肥。以过磷酸钙或复合磷肥作为种肥施用，可提高植株的抗病能力。

⑤选用耐病品种。对根腐病有较强耐性的品种有 Beta - 218 等多倍体品种。

⑥保护根系，防治地下害虫。播种时种肥应距种子 5 cm 以上，以免"烧苗"；间苗时苗簇过密时不应拔，而应掐掉，以免伤根；苗期及时培土，以免风害伤苗，铲蹚、锄地时勿伤苗；发现地下害虫为害，及时用药灭虫。

(3) 甜菜丛根病。甜菜丛根病是近年来世界各地均有发生的一种甜菜病毒病害。1979 年，我国包头首先发现后，各产区已相继发现这种病害。该病对甜菜生产为害极大，一般发生田块根减产 40%～60%，含糖下降 4～9 度，危害严重的地块甚至绝产。而且一旦发病，其后 10～15 年再种植甜菜仍会发病并严重减产。

1）症状。7—8 月是发病盛期，地上部分有以下几种症状：

①叶片黄化，边缘出现波状皱褶，植株矮化。

②叶脉黄化坏死。

③叶片出现环状褐斑，扩大成不规则的黑褐色斑块，叶片焦枯、内卷，最后全叶变黑、枯死。

④以上 3 种症状同时出现，植株严重矮化。

⑤叶片正常，但是白天萎蔫，夜晚或雨天恢复正常。

除地上部症状表现有所不同外，其根部症状基本相同。首先侧根变褐、变细、坏死，之后主根维管束也变褐色、变硬（木质化）。主根从下向上腐烂。不发生腐烂的块根从侧根处丛生大量胡须状的细胞。根的横切面上可看到中柱及维管束由黄色逐渐变为褐色。

2）发病条件。研究表明，甜菜丛根病是由甜菜多黏菌携带的甜菜坏死黄脉病毒侵染甜菜块根引起的。因此，田间多黏菌数量与该病发生有直接关系。

①土壤温度过高，湿度过大，有利于多黏菌休眠孢子萌发。因此，排水不良、灌溉过量的地块容易发病。

②甜菜重、迎茬，或在多黏菌的宿主作物（如菠菜、西风谷、藜等）茬地块上种植，会导致多黏菌的积累和大量繁殖。

③在 pH 值 6.2 以上的中性或偏碱性地块种植，容易发病，因为多黏菌比较喜欢这类土壤。

3）防治方法。目前还没有可以有效防治丛根病的化学药剂，以预防为主，选用抗性品种，同时采取栽培技术措施，尽量减少病害损失。

①采用抗、耐病性品种。目前美国的 Beta－218、德国的 kws2409 等品种均对丛根病有较强的耐病性。

②加强栽培技术措施。延长轮作周期，未发病区轮作周期可延至 8～10 年或更长；尽量选择有效磷、硝态氮低的地块；及时清理田间病残株；增施有机肥及过磷酸钙等生理酸性肥料，降低土壤 pH 值。

③土壤熏蒸消毒。甲基溴化物每 100 kg 病土用药 300 g，氯化苦 10 kg 病土用 37 mL，D—D 混剂 100 kg 病土用 1 500 mL。熏蒸消毒应在秋季进行，不宜在春季进行。

2. 幼苗期虫害特征及其防治方法

（1）甜菜象虫。象虫又称为象甲，危害甜菜的象虫达 20 多种，其中分布最广、对甜菜为害最重的是甜菜象和蒙古土象。象虫成虫咬食甜菜子叶和幼小真叶。发生严重时，能把子叶和真叶全部吃光，造成田间缺苗，甚至毁种。

1）生活习性。甜菜象每年发生 1 代，成虫在 6～20 cm 土层中越冬，第二年春季气温 6～7℃时爬到土表 5 cm 左右潜伏，觅食藜科、苋科等植物，5 月初起向甜菜地迁移，食害甜菜子叶及真叶。成虫一昼夜可爬行 150～200 m；一次迁飞距离 200～500 m。5 月下旬至 6 月上旬为产卵盛期，6 月中旬至 8 月上旬为幼虫发生期和为害盛期，8 月中下旬为化蛹盛期，9 月初至 10 月初为羽化成虫期。

蒙古土象在东北产区每两年发生 1 代。成虫和幼虫均能越冬，当早春气温接近 10℃时，成虫开始活动，为害甜菜幼苗；随温度升高。成虫日趋活跃，常常数头集中取食，并有假死性。

2）防治方法。目前甜菜象虫主要采用以下药剂防治：

①甲基硫环磷闷种播种前 1 天，按种子：水：35%甲基硫环磷乳油＝50：50：1 的重量比，备好种子及药剂和水。先把药剂放入不漏气的塑料袋里，然后加水搅匀，再放

入种子，扎紧袋口，在地上翻动几下，放置 24 h 后即可播种。

②甲基硫环磷拌种按种子：水：7％甲基硫环磷微粒剂＝50：4：1 的重量比，备好种子、药剂和水。先把种子倒入缸里，然后加水，用锹上下翻拌，使种子表面都沾水，然后再加入药剂，再用锹翻拌，使每粒种子表面都均匀沾上药，隔 4 h 翻动 1 次，24 h 后即可播种。

③35％呋喃丹种衣剂及 35％大扶农种衣剂拌种按药剂、种子、水配比为 1：50：25 的比例拌种，均具有很好的防治效果。

④田间喷药，在象虫发生盛期用 50％甲基硫环磷乳油 500～1 000 倍液，50％甲胺磷、40％乙酰甲胺磷 500～800 倍液在田间喷洒，每亩用药量 1.5～2 kg。

(2) 甜菜跳甲。甜菜跳甲是东北产区甜菜幼苗期常发生的害虫。在干旱地区或靠近林带、荒地的地块为害严重。成虫取食甜菜幼苗子叶或真叶后，形成缺口或圆孔，严重时整叶被吃光，造成缺苗，甚至毁种。

1) 生活习性。甜菜跳甲 1 年发生 1 代，成虫在藜科或蓼科杂草丛中越冬。第二年春天气温回升后成虫开始活动。5 月上中旬甜菜幼苗出土后，成虫大量迁往甜菜地取食幼苗，形成为害盛期，5 月下旬逐渐减少，6 月上旬基本不再为害。成虫喜欢在藜科和蓼科植物上产卵，成虫羽化后，8 月取食藜科和蓼科植物，同时准备越冬。

单元 1

2) 防治方法

①加强农艺措施，适时早播，提高播种质量，培育壮苗，增强其抗虫能力。

②35％甲基硫环磷闷种。药剂、种子、水的配比为 2：100：50。具体做法见“甜菜象虫”。

③35％大扶农种衣剂闷种。药剂、种子、水的配比也是 2：100：50。本药剂可同时防治甜菜象虫、潜叶蝇等幼苗期害虫。

(3) 大黑金龟子。大黑金龟子幼虫称为蛴螬，俗称蛭虫、大牙嗑儿，在东北、华北局部地区为害严重。一般年份为害率达 30％以上。幼虫咬食甜菜幼，根造成死苗。除甜菜外，也为害玉米、大豆、马铃薯等多种作物。

1) 生活习性。大黑金龟子在东北地区 2～3 年完成 1 世代。幼虫为害盛期在 6 月中下旬，取食作物幼根，深度大多在 4～5 cm 以下，1 头幼虫可连续食害数株甜菜，造成严重缺苗。幼虫共 3 龄，以 2、3 龄幼虫在田间 80～160 cm 的冻土层中越冬。成虫具有趋光性和假死性，喜食大豆叶，并在大豆地产卵。因此，大豆茬种甜菜易受蛴螬为害。

2) 防治方法

①避免豆茬种甜菜。豆茬容易导致蛴螬为害，所以，不要在豆茬尤其是迎茬豆地种甜菜。

②用 3％甲基异柳磷颗粒剂，2.5 kg/亩，或 3％呋喃丹颗粒剂 2 kg/亩，播种时施于种子下方。

③配制毒土。用50%辛硫磷乳油1 kg，兑水1 kg。再加入过筛细干上150 kg，制成毒土。按15 kg/亩用量，均匀撒在种子下方。

④出苗后发生蛴螬为害，可用90%敌百虫或75%辛硫磷1 000倍液灌根，每亩用药100 g。

⑤间苗或茬田时进行人工捕杀。

(4) 地老虎。地老虎又称为地蚕、切根虫或截虫。为害甜菜的地老虎主要有小地老虎、黄地老虎和白边地老虎。地老虎幼虫咬食甜菜幼苗根茎部，造成幼苗死亡，田间缺苗。

1) 生活习性。分布最广、为害最重的小地老虎在黑龙江省一般1年发生2代，在内蒙古河套地区1年发生2～3代。以第1代幼虫为害严重。6月上旬幼虫出现，中旬为幼虫发生盛期，1～2龄幼虫藏在甜菜叶丛心叶里取食为害；3龄后开始入土，白天潜伏根部周围表土下，夜间咬食植株幼苗。

2) 防治方法

①消灭田间杂草，及时秋翻地，消灭虫源。

②适时早播，可以减轻地老虎为害。因为地老虎幼虫大发生时，早播甜菜幼苗已大，只能咬断子叶叶柄，不能咬断子叶下轴，不至于造成幼苗死亡。

③加强虫情预测，及时用药剂防治。5月中旬起田间设置诱蛾器，预测小地老虎、黄地老虎的发生量。6月上中旬平均每台诱雌蛾总量100头，相隔15～20天，甜菜地幼虫密度达0.4头/m^2以上，表明即将严重受害。这时应立即加以防治。应用药剂有：90%敌百虫原药或50%敌敌畏乳油800～1 000倍液，每亩用药液50 kg。下午4时起向苗穴中灌药，或用50%辛硫磷600～700倍液灌苗穴。

(5) 草地螟。草地螟又称为黄绿条螟、甜菜网螟，我国各甜菜产区均有发生和为害。幼虫取食甜菜叶片，严重时仅剩叶柄、叶脉。

1) 生活习性。在东北及内蒙古产区，草地螟一般每年发生2代。于5月下旬至6月初开始出现成虫，6月上中旬是成虫发生高峰期。6月下旬为第1代幼虫发生期和为害盛期，8月上中旬为第2代幼虫为害盛期。第2代幼虫发生量大于第1代，所以为害也较重。

2) 防治方法。药剂防治包括以下方法：

①2.5%溴氰菊酯乳油（敌杀死）2 500倍液，杀虫率达90%以上。

②20%除虫菊酯2 000倍液喷洒。24 h后，杀虫率达90%以上。

③20%杀灭菊酯乳油2 000～3 000倍液喷洒。

④50%辛硫磷乳油800～1 200倍液喷洒。

⑤80%敌敌畏乳油800倍液喷洒。

⑥24%万灵100倍液喷洒。

上述药剂每亩用量为药液 35～40 kg，喷洒时注意用量均匀，不漏喷，不重喷。

二、甜菜幼苗形态和长势判断

1. 幼苗期形态及长势

从出苗到根初生皮层脱落的这段时间为幼苗期。幼苗期持续 30～40 天，即从子叶出土到形成 6～8 片真叶。新疆甜菜幼苗期一般在 4 月中下旬到 5 月中下旬、6 月上旬。

不同的甜菜品种，其幼苗期形态和长势也有所不同，幼苗期形态主要表现在叶片的颜色深浅、厚薄、叶缘、叶面皱褶程度不同。长势因品种的不同表现为幼苗期生长快慢，即不同品种其幼苗期的叶面积有所差异。如丰产型甜菜叶色较绿，叶片生长速度快，高糖型甜菜叶片多浅绿。同一甜菜品种因播种时间不同、土壤肥力不同、外界因素不同，幼苗期长势也有不同的表现，如土壤肥力好的长势好于肥力差的，其叶色也绿。

这个时期甜菜器官和组织逐渐形成和分化，根细胞分裂和伸长速度快，主根可深达 60 cm，出现 2～4 对真叶时，幼根进入脱皮期。子叶下胚轴和主根膨大形成块根；根中含糖很低，以氮素代谢为主。根内三生构造形成，生长中心由根为主逐渐转向以叶为主，70%以上的净光合产物供地上的叶丛生长；幼苗期甜菜对环境条件很敏感，根系向纵、横伸长，如气温过低，土壤过于干旱或板结，都会影响根的发育，形成生长缓慢的“小老苗”。如主根碰到石块或接触未腐熟的厩肥、高浓度化肥或农药，就会形成岔根或畸形根。

幼苗期应采取栽培措施，勤中耕、除草，促进组织分化和根系向纵深发展，培育壮苗，为后期形成高产打下坚实的基础。

2. 长势判断

在一般情况下，根据所种植的甜菜品种特性来诊断该品种长势正常与否。

同一品种的长势通常是从幼苗的叶片所表现出的形态和症状来判断的。甜菜幼苗期的长势一般以叶片的颜色、光泽度、皱褶程度为判断主体，正常生长的甜菜应表现出该品种特有的基本特点。甜菜叶片具有一定的寿命，叶片过早发黄、叶面斑点、萎蔫、干（青）枯均属生长异常。

病害突然大面积同时发生，发病时间短，只有几天，大多由于大气污染、三废污染或气候因素（如冻害、干热风、日灼等）所致。有明显的枯斑、灼伤，而且多集中于某一部位的叶或芽上，无既往病史，大多是由于使用农药或化肥不当所致的。

幼苗期虫害多因地老虎、象虫为害造成根茎叶被咬食致残，幼苗生长异常或死亡。

另外，甜菜明显的缺素症状多见于老叶或顶部新叶。在幼苗期，缺氮时叶片一般发黄，叶片较薄弱；缺磷时叶片光泽度差。

第二节 幼苗期管理措施

→ 能够识别甜菜幼苗的长势长相
→ 能够进行甜菜的合理密植

一、根据长势、长相采取相应的措施

调节甜菜幼苗期生长环境，一般根据甜菜幼苗期的生长发育规律加以调节，根据幼苗期生长对水、肥、气、热的要求，为甜菜健康生长创造良好的环境条件。

1. 水分

甜菜幼苗期对水分要求较少，由于幼苗期气温较低，蒸发量小，植株小，叶片少，本身耗水少。如果这个时期土壤水分过多，地温上升慢，则不利根系下扎，后期植株抗旱能力降低，还会导致叶片徒长，形成弱苗。此期土壤最适含水量应为田间持水量的50％～60％，水分浸润土壤深度为40～60 cm。可通过勤中耕、除草对土壤水分和气、热加以调节。

另外，甜菜播种后，因镇压及遇雨，地表土壤容易形成板结层。板结层妨碍空气流通，使种子得不到足够的氧气，影响发芽及幼苗的生长；即使出苗，幼苗也纤弱，容易感病。因此，及时破除土壤板结层也是苗期调节生长环境的主要任务之一。

2. 养分

甜菜幼苗期生长缓慢，苗小，吸肥少，此期植株吸氮、磷、钾的量分别占总吸收量的3％、1.5％和1.2％。虽然此期吸肥少，但是，植株对肥料反应敏感，尤其是对磷肥特别敏感，在生产上通常强调用磷肥作种肥加以调节，在缺氮的土壤上还应以少量氮肥作为种肥，以促进甜菜幼苗根、叶的生长。

3. 预防风害、冻害

东北、西北甜菜种植区春季常常遭受风沙危害，尤其是平播甜菜受风害严重。除采取种植防风林等根本性的防治风沙措施外，可采取中耕起垄的办法防风。即当甜菜苗出齐后，在行间中耕一次（铲前趟一犁），趟成“敞口垄”，利用耕起的垄脊减弱风力。同时，还以可起到松土灭草、提高地温的作用。

霜冻预防一般采用熏雾法，用稻草秸秆等燃烧进行大田熏雾，人工调节大田小气候环境，是较好的防冻措施之一。

4. 采取地膜种植

采取地膜种植，可改善甜菜生长中对水、气、热的要求，促进甜菜生长。主要体现的生态效应有：

（1）提高地温，增加地积温。

（2）保墒提墒。

（3）改善土壤的物理性状，有利于土壤养分的转化。

（4）抑制盐分上升，降低表土层含盐量。

（5）抑制杂草，减轻草害。

（6）减轻甜菜象虫和白粉病危害。

二、合理密植

1. 合理密植有利于提高甜菜的产量和糖分

甜菜合理密植是指单位面积上有适宜的株数，植株在田间株行距配置合理，构成合理的群体结构，从而充分利用大田的空间和地力，使甜菜群体与个体、个体内部各器官间得到均衡、协调发展，最终实现甜菜高产、高糖。

在我国，无论是灌区还是非灌区，无论采用哪种栽培方式都一致证明，合理的种植密度是实现甜菜增产、增糖的关键措施。单位面积产糖量是衡量甜菜生产力高低的重要标志，夺取单位面积上高额产糖量是甜菜高产、高糖栽培的最终目标。构成单位面积上产糖量的因素有单位面积上的株数、单株平均块根重、块根平均含糖率。在这 3 个因素中，由于受块根内部结构及糖分分布特性的影响，在一定株数的范围内，块根含糖率与块根大小呈负相关关系。所以，只有密度适宜，才能获得数量足够、生长整齐、大小适中、既高产又高糖的块根，最终达到提高单位面积产糖量的目的。

近年来，世界先进甜菜生产国家研究认为，甜菜块根为 750～1 000 g 重时，含糖量最高。我国科研和生产实践早已证明，大田中 500～900 g 重的中型块根比例达 60%以上时，才能实现甜菜高产、高糖。甜菜块根大小与土壤肥力、种植密度密切相关。种植密度决定甜菜个体生长的营养面积。试验证明，甜菜块根产量以单株营养面积为 1 000 cm^2时最高，为 1 200 cm^2 时较高；当单株营养面积减至 800 cm^2 时，不仅总产量降低，而且小于 100 g、丧失加工价值的块根数量增多。目前世界甜菜生产先进国家采用缩行增株的方法，使株行距在（45～50）cm×（17～25）cm 范围内，种植密度为 70 000～90 000 株/hm^2（1 hm^2＝10 000 m^2）。我国及新疆甜菜单产不高的主要原因是密度小，收获株数不够，有的收获株数仅为 36 000～45 000 株/hm^2。造成收获株数不够的原因较多，如播前整地粗放，土墒不足，播种质量差，田间出苗率低，或定苗时留苗株数过少，或定苗后病虫为害，田间机械作业伤苗，或株行距配置不合理等。

多年科研与生产实践证明，新疆甜菜的合理种植密度，肥沃土壤为 82 500 株/hm^2，中等肥力土壤为 90 000～97 500 株/hm^2，肥力较低盐碱较重的土壤以 105 000～112 500 株/hm^2 为宜。覆膜栽培的留苗密度以 75 000～95 000 株/hm^2 为宜。石河子甜菜研究所 20 世纪 80 年代的密度试验证明，甜菜单产要达到 52.5 t/hm^2 以上，收获株数必须达到 6 000 株/hm^2 以上，否则块根过大，含糖率低。

2. 株行距配置

对于甜菜的田间株行距，长期以来，新疆生产建设兵团各农场在甜菜机械化生产中，根据已有的机具型号，普遍采用 70 cm×（13.5～15）cm 或 60 cm×（16～18）cm 两种方式，以利于出苗后田间机械作业。这种配置方式行距偏大，株距偏小，不能形成合理的群体结构，影响甜菜生长和对光能的充分利用，也是造成单位面积上收获株数不够的重要原因。经过多年试验和生产实践证明，甜菜以 60 cm＋40 cm 宽窄行距和 45 cm 等行距、株距以 20～25 cm 为宜。不同株行距对产量和含糖率的影响也不同，见表 1—1。

表 1—1　甜菜不同行距对产量和含糖率的影响

条田号	行距（cm）	块根产量（kg/hm^2）	为对照（%）	含糖率（%）	比对照（＋，－）	产糖量（kg/hm^2）	为对照（%）
10	65（ck）	29 127.5	100	17.1	0	6 730.5	100
	50	46 821.0	119.66	17.5	＋0.4	8 193.0	121.7
	60＋40	44 934.0	114.84	16.6	－0.5	7 470.0	111.0
2	65（ck）	47 881.5	100	16.4	0	7 755.0	100
	50	52 965.0	110.62	17.7	＋1.3	9 374.9	120.86
	60＋40	61 545	128.54	15.0	－1.4	9 232.1	119.02

注：石河子甜菜研究所、新疆农垦科学院农机研究所等，1984

资料来源：中国农业科学院新疆资源开发综合考察队．新疆甜菜．1994

新疆生产建设兵团农二师农科所金基隆等 1987 年在焉耆盆地的调查结果表明，45 cm 等行距比 60 cm 等行距和 60 cm＋30 cm 宽窄行距增产、增糖效果显著，而且块根整齐均匀，而以 60 cm 等行距的甜菜产量和含糖率最低。

上述几种缩行增株的种植方式之所以能达到高产、高糖，其原因在于单株纵、横向营养面积合理，田间个体与群体关系协调，单位面积上株数多（可达 67 500～75 000 株/hm^2），块根大小合适，含糖率较高，较好地协调了块根大小与含糖率之间的负相关关系。同时，行距从 70（60）cm 缩到 40（30）～50 cm，田间实现早封垄、晚开垄，全生育期间封垄时间增加了十多天，更充分利用了光热资源，而且在块根生长高峰期，田间具有较低的温度和较大的湿度（8 月上旬地下 10 cm 土温和地上 20～25 cm 的气温均下降 0.5～1.5℃，相对湿度高 12～14 个百分点），有利于防止叶片早衰、块根增

单元 1

长及糖分积累。

目前，新疆各甜菜产区应根据当地机械化水平高低、种植面积、劳力等条件，从如下几种甜菜株行距配置方式中选择适合本地的配置方式。

甜菜种植面积小、劳力充足、田间作业以人力为主的地区，以 40～45 cm 等行距、株距 20 cm 以上为宜。而 60 cm＋30 cm 的宽窄行种植方式多用于棉花、甜菜并存种植的地区，其株距应为 22～24 cm（若选择地膜覆盖栽培，则为 25～30 cm），而且采用三角形留苗。此方式在甜菜生育期间因窄行只能用杆齿中耕，不能开沟，容易长杂草，而且在较肥沃的土地上，30 cm 窄行上甜菜叶片易互相遮阴，应加强窄行的田间管理，并防止茎叶徒长。

3. 甜菜的保苗

甜菜保苗率低是造成我国甜菜单产低的主要原因之一。为确保出苗率，播种后应经常检查甜菜出苗情况。发现缺苗，及时补种。土壤墒情好时，最好催芽补种。催芽时，用 50℃温水浸种 12 h 后，控掉多余的水分，用湿布包好，放在25～30℃的热炕等处催芽。当种子露白时即可补种。如果来不及补种，可在定苗时移苗补栽。

目前我国除少数地区使用单粒（胚）型甜菜品种外，大部分地区仍使用多粒（胚）型品种。多粒型品种每粒种球一般可出 3～5 个芽，如果穴播 6～8 粒种球，则每穴可出苗 20 多株。如不及时间苗，会导致幼苗拥挤、瘦弱、易感病。实践证明，甜菜间苗越早越好。但是，子叶期苗太小，间苗有困难。一般在 1 对真叶出现时开始间苗，2 对真叶前结束。要集中人力在尽可能短的时间内完成间苗作业。间苗后 10 天左右就应定苗，即按确定株距留下 1 株苗，而把多余苗去掉。定苗是否及时同样影响甜菜生长及块根产量。目前，一些地区间苗、定苗时间拖后，导致甜菜保苗率及壮苗率低，是造成块根单产不高的重要原因之一。据中国农业科学院甜菜研究所试验，在间苗、定苗适宜期内，间苗、定苗作业每拖后 1 天，每亩单产即减少 35 kg 左右。因此，定苗应尽量及早进行，在 2 对真叶期结束。由于苗期常遇到各种灾害，为了保证全苗，一般采用间苗、定苗两次作业。定苗具体的时间也要根据当地实际情况确定。如当年地下害虫较重，定苗期应拖后一些，以免因虫害造成严重缺苗。定苗时每穴只留 1 株，要及时清除漏间的苗，以保证单株的健壮生长。

甜菜单位面积产糖量主要由单位面积株数、单株块根重量和含糖率 3 个要素构成。究竟每亩地甜菜留多少株最合适，这要根据当地土壤、气候条件、栽培技术水平及耕作习惯等因素来确定。也就是说，一定要根据当地实际确定合理的种植密度。种植过稀，不仅产量低，浪费土地，而且块根含糖及品质均下降；相反，种植过密，植株间通风透光不良，叶丛徒长，易感病害，块根产量及含糖量也不可能高。

确定适宜种植密度时，要考虑土壤肥力、施肥量、水分供应状况等因素。在通常情况下，土壤肥力高、施肥多或有灌溉条件的地块，由于肥水充足，植株生长繁茂，需要占据较大空间，故种植密度应小（稀）些；相反，土壤贫瘠、施肥少或较干旱而又无灌溉条件的地块，甜菜植株生长受限制，个体占据空间小，故种植密度应大（密）些。在土壤肥力高、水肥充足的丰产田，如种植密度过大，反而会造成产量、含糖率均下降。原因是密度过大，单株受光照不足，加之肥水充足，容易导致叶茎徒长，行间郁闭不通风，下部叶不见光而早衰；同时不断增生新叶，消耗大量营养，使光合产物不能更多地向块根输送，导致产量不高。

合理的种植密度，既可保证甜菜每个单株发育良好，确保目标产量，也便于田间耕作管理。

单元测试题

一、填空题（请将正确答案填在横线空白处）

1. 从出苗到根初生皮层脱落的这段时间称为________期。

2. 甜菜单位面积的产糖量主要由________、________和________3个要素构成。

二、简答题

1. 甜菜种植的最佳密度在什么范围？

2. 如何识别甜菜苗期长势？一般采取哪些措施加以调控？

单元测试题答案

一、填空题

1. 幼苗

2. 单位面积株数　单株块根重量　含糖率

二、简答题

答案略。

第2单元

田间管理

第一节　肥水管理

→ 掌握甜菜营养缺素、过量症状

→ 能够鉴别甜菜常用肥料的质量

一、营养缺素与营养过量症状

1. 营养缺素症状

当甜菜缺氮时，生长受到抑制，叶丛形成缓慢，叶色淡绿，老叶枯黄并提早死亡，植株瘦弱，光合作用强度降低，根产量大幅度下降。

磷肥不足，不但会影响碳水化合物和蛋白质的合成与运输，而且会阻碍硝酸盐还原，破坏甜菜正常的代谢作用。

如果缺钾，不但植株内蛋白质合成受到影响，而且会使原有的蛋白质发生水解，非蛋白质氮增多，导致含糖率下降，造成体内氨的积累，引起氨中毒。

2. 营养过量症状

施氮肥过量时，容易促进植株体内蛋白质和叶绿素的大量形成，使营养体徒长，叶面积增大，叶色浓绿，叶片下披，互相遮阳，影响通风透光，根产量也会降低，根的含糖率明显下降，有害氮含量增加。

磷肥过多，对甜菜生长不利，过多的磷肥增加甜菜体内无机磷化合物的积累，提高磷脂的含量，妨碍对铁、锌的吸收，破坏氮、钾的比例，导致新陈代谢失调。

供给甜菜充足的钾，能促进碳水化合物和蛋白质的代谢，有利于提高产量和积累糖分。

二、甜菜常用肥料的特征和质量鉴别

1. 氮肥的特征

尿素是以氨和二氧化碳为原料、在高温、高压下合成的，分子式是 $CO(NH_2)_2$，含氮量约为 46.3%，是固体氮肥中含氮量最高的一种。显白色针状、棱粒状结晶或浅黄色的结晶体。常温下吸湿性不大，但温度超过 20℃，相对湿度超过 80%，吸湿性随之增强。目前生产中使用的尿素多制成颗粒状，而且在表面涂上一层疏水物质（如石蜡等），使吸湿结块性降低，有利于施用。

2. 磷肥的特征

水溶性磷肥可溶于水，属速效性磷肥。主要有过磷酸钙和重过磷酸钙。

磷肥的主要成分是磷酸一钙和硫酸钙，其有效成分是水溶性磷酸一钙，含 P_2O_5 12%～20%。一般为灰白色粉末或颗粒，酸性和腐蚀性很强，有吸湿结块性。在潮湿条件下可发生化学变化，使速效磷变成难溶性磷而降低肥效。这称为过磷酸钙的退化作用。因此，必须将过磷酸钙储存在干凉的仓库里。

3. 钾肥特征

硫酸钾含 K_2O 50%，较纯净的硫酸钾是白色或淡黄色结晶体，易溶于水，稍有吸湿性，储存时不易结块，是速效性肥料，为化学中性、生理酸性肥料。硫酸钾施入土壤中在新疆石灰性土壤中生成硫酸钙。生成的硫酸钙溶解度较小，容易积存在土壤中，填塞土壤孔隙，长期连续使用可能造成土壤板结。因此，应该增施有机肥料，以改善土壤结构。

硫酸钾（K_2SO_4）含钾（K_2O）50%，含硫 18%。纯品为白色结晶，含少量杂质时呈微黄色，易溶于水，吸湿性小，物理性状良好，化学性质稳定。

4. 复混（合）肥料特征

在氮、磷、钾 3 种养分中，至少有两种养分标明量的由化学方法和（或）掺混方法制成的肥料。按 N－P_2O_5－K_2O（总氮－五氧化二磷－氧化钾）顺序，用阿拉伯数字分别表示其在复混肥料中所占百分比含量的一种方式。注："0"表示肥料中不含该元素。

技术要求：外观粒状、条状或片状产品，无机械杂质。

5. 质量鉴别

从外观来看，氮肥或钾肥略有吸湿性，一般都是白色或淡黄色的结晶，通过灼烧会有某些变化，如散发气味、冒白烟等；化肥在碱液中会放出氨味、出现沉淀等。

识别复混肥质量的优劣，可采取看、烧、溶、搓、试等简易的方法。

（1）看。优质复混肥颗粒一致，无大硬块，粉末物较少。特别是缓释、控释专用及掺混复混肥，颗粒大小一致，不同颜色的球队形颗粒代表不同缓释程度的肥料或不同颜色的氮肥、磷肥、钾肥。未包膜的复混肥存放一段时间，肥料表面可见许多附着的白色微细晶体，这是由于尿素或氯化钾吸湿后形成的，假冒伪劣的复混肥没有这些现象。

（2）烧。取少量复混肥置于铁皮上，放在明火中灼烧。有氨臭味的表示含有氮，出现紫色火焰的表示含有钾。氮味越浓、紫色火焰越高的是优质复混肥；反之，为劣质品。

（3）溶。优质复混肥在水中会溶解，若有少量沉淀物，也较细小。劣质复混肥粗糙而坚硬，难溶于水。

（4）搓。用手搓揉复混肥，手上留有一层灰白色粉末，并有粘手感的为优质复混肥。破其颗粒，可见细小白色晶体的也是优质的。劣质复混肥多为灰黑色粉末，无粘手感，颗粒内无白色结晶。

（5）试。可通过植物栽培试验鉴别复混肥的质量，通过作物茎、叶、花、果的生长状况鉴别肥料的好坏。

第二节 病虫草害防治

→ 能够起草病虫草害防治方案

→ 能够识别农药中毒症状，实施中毒急救方案和现场救护

一、病虫草害防治方案的起草

1. 调查数据

常用的取样法是随机取样法，随机是按照一定的取样方式，间隔一定的距离，选取一定数量的样点。样点内全面计数，不得随意变换，以免加入调查者的主观成分。随机取样的方法包括对角线取样法、棋盘式取样法、分行取样法、“Z”字形取样法。

除了以上集中随机取样法以外，还有一种在调查农作物产量时采用的等距取样法，也可用于农业昆虫的调查。它的样点均匀，能错开位置，可以避免田间周期性的影响。一般适用于随机分布型的田块。如果样点是长形样段，而不是样方，则也适用于不随机分布型。取样时可用尺子或走步丈量。长乘宽除以样点数再开方就是全距，取第一点时用半距，以后用全距。

2. 统计分析指标

（1）被害率。被害率表示作物的株、秆、叶、花、果实等受害的普遍程度，不考虑每株（如秆、叶、花、果等）的受害轻重，计数时同等对待，计算公式如下：

$$被害率=\frac{被害株（秆、叶、花、果）数}{调查总株（秆、叶、花、果）数}\times 100\%$$

（2）被害指数。许多害虫为害植物时，只造成植株产量的部分损失，植株之间受害轻重程度不等，用被害率表示并不能说明受害的实际情况。因此，往往用被害指数表示。在调查前先按为害轻重分成不同的等级，然后分级计数，代入下面公式：

$$被害指数=\frac{各级值\times 相应级的株（秆、叶、花、果）数的累计值}{调查总株（秆、叶、花、果）数\times 最高级值}\times 100\%$$

（3）损失率。被害指数只能表示受害轻重程度，但不直接反映产量损失。产量损失应以损失率表示，计算公式如下：

$$损失率（\%）=\frac{损失系数\times 被害率}{100}$$

其中

$$损失系数=\frac{健株单株产量-被害单株产量}{健株单株产量}\times 100\%$$

3. 起草病虫草害防治方案的原则

由于不同作物、不同有害生物（病、虫、草害）、不同地域的生产水平、生态条件各异，综合防治不可能有一成不变的模式。完善的综合防治体系的建立需要有一定的指导原则和方法。

（1）分析各种有害生物在生态中的地位，确立防治重点和兼治对象。一般说来，一种作物可能有许多种有害生物，但能经常发生、造成严重为害的种类却很少。在设计综合防治方案时，应做好主要有害生物的防治工作，兼治次要有害生物。

（2）发展可靠的监测技术。有害生物综合防治的实质是监测与控制。它要求在预测有害生物达到经济阈值时才采取人为控制措施。

由于气候条件、作物生长、自然天敌和其他因素随时都在变化，有害生物数量也在不断变化。所以，必须监测生态系统中和有害生物群数量有关的环境条件，获取有害生物及其环境的动态信息，预测有害生物的发生情况，预测可能采取的控制措施的效果及对生态系统的影响等。只有通过监测，才能知道是否确实需要对有害生物加以控制，才能在综合防治中最大限度地利用自然控制作用。

单元 2

（3）做出压低关键性害虫平衡位置的方案。马世骏（1979）提出“本着预防为主，化害为利和综合利用的原则”，选择压低关键性害虫平衡位置的方案应“安全、有效、经济、简易”。为达到这一目的，一般要求优先单独或联合采取以下 3 种基本控制措施。

第一，改变害虫生存环境。通过增强各生物防治因素的效能，破坏害虫繁殖、取食和隐蔽的场所，或使其变成无害的种类。

第二，采用抗虫或拒虫品种。不一定要求高抗，有时甚至抵抗品种也很有效。

第三，考虑建立或引进新的自然天敌种群（包括寄生物、捕食者、病原微生物等）。

在一般情况下，利用控制环境、抗性品种和自然天敌 3 个方面的配合，便可有效控制害虫种群，不需要进行防治。很多成功的例子是用农事操作的综合实施来完成的。

二、农药安全使用

1. 农药中毒症状

农药通过各种途径和机制影响或危害人体各种生理生化过程的正常进行。农药种类不同，对人体器官、生理功能的影响也不同，有时差别非常大，所以，中毒症状和体征也不相同。了解不同农药的中毒症状对中毒人员的及时解救和治疗是非常必要的。

（1）有机磷农药中毒症状。有机磷农药是一类比其他种类农药更能引起严重中毒事故的农药，人体中毒的原因是体内胆碱酯酶受抑制，影响人体内神经冲动的传递。这类化合物可能滞留在肠道中，再缓慢地吸收或释放出来。因此，可能延缓中毒症状的发作，或者在治疗过程中症状有反复。

有机磷农药中毒症状一般在接触后 1/2～24 h 之间出现。开始的中毒症状是感觉不适、恶心、头痛、全身软弱和疲乏。随后发展为流口水（唾液分泌过多），并大量出汗，呕吐，腹部阵挛，腹泻，瞳孔缩小，视觉模糊，肌肉抽搐，自发性收缩，手震颤，呼吸时伴有泡沫，病人可能引发痉挛并进入昏迷状态。严重的可能导致死亡；轻的在一个月内恢复，一般无后遗症，有时可能有继发性缺氧情况发生。

（2）氨基甲酸酯类农药中毒症状。氨基甲酸酯类农药的中毒原因与有机磷农药相同，也是抑制人体内胆碱酯酶，从而影响人体内神经冲动的传递。但氨基甲酸酯类农药中毒发病快，恢复快。没有采取适当防护措施就施洒这类农药时，片刻后就会感到不适而停止工作。因为即刻终止接触，病人会开始感到好转，但通过污染的衣服或皮肤继续吸收农药的情况除外。

氨基甲酸酯类农药的具体中毒症状在连续工作 3 h 后开始出现，开始的症状为中毒者感觉不适并可能有呕吐、恶心、头痛和眩晕、疲乏和胸闷，以后病人开始大量出汗和流唾液，视觉模糊，肌肉自发性收缩、抽搐，心动过速或心动过缓，少数人可能引发痉挛和进入昏迷状态。一般在 24 h 内完全恢复（极大剂量的中毒者除外），无后遗症和遗留残疾。

（3）有机氯农药中毒症状。有机氯农药中毒也很少见，因为大部分有较明显危害的有机氯农药已经于多年前被禁止销售。其发生可能是因为重大污染，其性质可能为职业接触、事故或有意吞服。有机氯农药中毒是由于这类农药刺激中枢神经系统所引起的。

有机氯农药中毒一般在接触药剂后数小时发生，开始的症状表现为头痛和眩晕，出现忧虑、烦恼、恐惧感，并可能情绪激动。以后可能有呕吐、四肢软弱无力，双手震颤，癫痫样发作，病人可能失去时间和空间的定向，随后可能有阵发痉挛。一般在 1～3 天内死亡或者恢复，恢复者无后遗症或永久性残疾。

（4）拟除虫菊酯类农药中毒症状。拟除虫菊酯类农药可以引起接触部位皮肤感觉异常，特别是在前臂、面部和颈部。一般在首次接触药剂后数小时内，在接触部位的皮肤感到刺痛，在口、鼻周围最明显。这种刺激是持续和不舒适的，但并非很痛苦，在刺痛部位没有红斑或刺激迹象。这种局部效应是由于受影响部位皮肤神经不应期延长所导致的。引起这种效应的各农药品种有程度上的差异，以溴氰菊酯最严重。停止接触药剂后（或彻底洗涤后），这种局部症状会在 24 h 内自行消失，也没有后遗症。

（5）杀鼠剂中毒症状。杀鼠剂中毒常为儿童的意外事故或成人有意或无意吞服，经常为经口摄入，如果是在数小时内摄入则需洗胃。

（6）几种重要除草剂的中毒症状

1）百草枯和敌草快的中毒症状。百草枯是一种不寻常的化合物，是一种很好的除草剂，它对环境没有不良影响，因为它一接触到土壤就失去活性。已使用过大量百草枯，对人没有发生不良影响。而反复、不注意预防的接触，会造成指甲受腐蚀和鼻黏膜受损而出血。除非长时间接触，否则百草枯不易被完整皮肤吸收。但是如果吞服，则其后果是灾难性的，死亡率非常高。

①百草枯。吞服百草枯后立即发病，口腔和咽喉立即有烧灼感，口腔和咽喉因被腐蚀造成溃疡。随之就发生恶心、呕吐、胃疼、胸闷，呼吸时伴有泡沫。严重病人即可因肺水肿及急性肾衰竭而死亡。症状轻微的病人则表现有肝、肾功能受损的体征。可能发生焦虑、抽筋。即使病人在第一周末可能出现好转，但可能会出现肺纤维化体征，逐渐有进行性的呼吸不足与缺氧性肺衰竭。

②敌草快。敌草快中毒较少见。百草枯的使用和误用情况也适合于敌草快。吞服后立即发病。敌草快对口腔和咽喉也有腐蚀作用。严重病例在数小时内呕吐与腹泻。发现肝功能受损及蛋白尿、代谢性酸中毒、血小板减少和无尿。随之失去定向和抽筋，严重病人在一周内因肾衰和心衰而死亡。如果能恢复则通常很彻底。敌草快摄入后不会像百草枯那样发生进行性肺病变。

2）五氯酚（PCP）及有关化合物。这些化合物对皮肤、黏膜和呼吸道有刺激，有时引起氯痤疮。职业性长期接触或突然大剂量接触时可能发生全身中毒。这类化合物主要用于木材处理，因此，一般公众也有少量接触，曾出现过有意摄入。大部分症状和体征是由于代谢率加快所致。死亡常由于高热和心脏骤停，并较早出现尸僵。

该类农药中毒迅速，表现为疲乏、缺氧、头痛、共济失调、头晕、眩晕和丧失定向、无食欲、想吐、发热和出汗。以后则高热和大汗淋漓、呼吸困难、心动过速，因心脏衰竭而死。

经口或呼吸道接触时可能发生肺水肿。后期可能有阵挛（五氯酚除外）。可能会损害肝、肾功能，使淋巴细胞轻度减少，还有可能发生再生障碍性贫血。

2. 农药安全使用常识

科学合理地使用农药，才能发挥农药安全、经济、有效的作用。反之，就会事倍功半，甚至造成损失，要科学、合理地使用农药，一般应注意以下几个方面：

（1）对症用药。农药种类很多，各种药剂都有一定的使用范围和防治对象。根据甜菜病虫害种类和特性，选用对口的农药。

（2）适时用药。采取防治措施时，不仅要考虑经济阈值，而且要抓住病虫害的薄弱环节施药，如初孵幼虫和低龄幼虫抗药力差，是防治时可利用的薄弱环节。

（3）精确掌握农药的浓度和用量。农药的浓度和用量由病虫害对象、甜菜生育期及施药方法等决定。由于各种条件千差万别，在大面积施药前，应先做好农药的试验，找出适宜的用药浓度和用药量，既能杀死害虫，又能保护天敌。所以，不要盲目提高农药的浓度和用量。

(4) 恰当的施药方法。只有根据所用农药的特性、害虫发生的特点、作物的特点，选用恰当的施药方法，才能达到仿效好、用药少、持效长的目的。

(5) 保证施药质量。施药时力求均匀、周到，叶片正面均要着药，施用触杀剂时，施药不周则很难保证防治效果，同时不要出现丢行漏株的现象。

(6) 注意气候条件。施药效果与气候因素也有密切关系，在无风或微风天气施药的同时，还要注意气温的高低，气温低时多数有机磷制剂效果不好，应在中午前后施药。气温高时药效虽好，但易引起药害。因此，应避免在中午施药。

(7) 合理混用药剂。两种以上杀虫剂混用，往往可以发挥所长，起到增效作用或兼治两种以上害虫，并可节省劳力。杀虫剂混用也是克服害虫抗药性的有力措施。但是，并非所有药剂都可以混用，混用不当往往会降低药效，甚至产生药害。杀虫剂一般不能与碱性农药混用。

(8) 交替施药。同种作物长期连续使用一种杀虫剂，害虫易产生抗药性，甚至产生药害。因此，提倡不同类型的杀虫剂交替或轮换使用。

3. 农药中毒急救方案

(1) 迅速脱离现场。化学事故、中毒事件发生后，应迅速将污染区域内所有人员转移至毒害源上风向的安全区域，以免毒物进一步侵入。

(2) 防止毒物继续吸收。当皮肤被酸或碱性化学物灼伤或被易通过皮肤吸收的化学品污染后，应立即脱去污染的衣服（包括贴身内衣）、鞋袜、手套等，用大量流动清水冲洗，同时要清洗污染的毛发。忌用热水冲洗。对化学物溅入眼中者，及时充分冲洗是减少组织损害最主要的措施，对没有洁净水源的地方，也可用自来水冲洗。冲洗不少于10～15 min；吸入中毒患者，应立即送到空气新鲜处，安静休息，保持呼吸道通畅，必要时让中毒患者吸氧。口服中毒者应尽早进行催吐，除用手刺激咽后壁外，也可口服吐根碱糖浆催吐。

单元测试题

一、填空题（请将正确答案填在横线空白处）

1. 当甜菜缺________时，生长受到抑制，叶丛形成缓慢，叶色淡绿，老叶枯黄并提早死亡，植株瘦弱，光合作用强度降低，根产量大幅度下降。

2. 磷肥不足，不但会影响________和________的合成与运输，而且会阻碍硝酸盐还原，破坏甜菜正常的代谢作用。

二、简答题

复混肥料的质量有哪些鉴别方法？

单元测试题答案

一、填空题

1. 氮

2. 碳水化合物　蛋白质

二、简答题

答案略。

单元 2

第3单元

收获管理

第一节 收获与储藏

→ 掌握测定产量知识
→ 掌握甜菜收获技术标准
→ 掌握甜菜田间临时储藏方法

甜菜收获期既不宜过早，也不宜过晚。如收获过早，甜菜根尚未达到工艺成熟期，致使块根重量和含糖量都不高，非糖物质增加，尤其是块根中有害氮增多，影响制糖的结晶，降低出糖率，这将直接影响糖厂的经济效益；若收获过晚，容易遭受霜冻或造成冻化损失，降低工艺品质，而且块根不耐储藏。所以，应根据当年当地气候条件收获。当秋季平均气温达到生长界限温度5℃时，按照甜菜成熟程度开始收获，在初霜来临前结束此项工作。

一、甜菜产量的预测

在甜菜收获前，首先要预测产量测定。这是甜菜生产单位和原料收购加工单位制订甜菜收获、运输、储藏和加工计划的主要依靠环节。做好收获前的产量预测和品质检验工作，对提高农业生产和制糖工业的劳动生产率，保证原料供应和制糖工作的开展具有重要的意义。

在一般情况下，产量预测和实收产量之差不应超过5%。要达到这个准确性，关键在于掌握好产量预测的时间和方法。产量预测事先要核实甜菜的实际收获面积，逐块丈量条田，这是产量预测达到准确性最基本的条件。如果在一块条田内甜菜长势差别很大，一定要分区分别丈量面积，按面积分区计算产量，这样才能保证产量测算的正确性。应选择在收获前一个月左右进行测产，也就是在浇甜菜起拨水的头10天较适宜。若测产时间偏早，甜菜还处于生长繁茂阶段，产量和糖分都很难测得准确的结果；如测产过晚，而且时间接近收获期，则对拟订各项收获计划失去了指导意义。所以，一定要掌握好产量预测的有利时间，提高产量预测的准确性。

目前多通过单株生产率和单位面积生产率来预测产量，准确性较高，操作简单易行。

1. 以单株生产率预测产量

在一块条田内，应先测得该条田的总株数。如果该条田甜菜长势较均匀，即以整块条田为一个单位，用对角线法选取具有代表性分布均匀的5个点，在每个点上，各取20～30 m长的四垅，查每垅的株数，测出平均行株距和亩平均总株数，同时在所查的

5个点上，分别在具有代表性区段，挖出块根20～40株，按照切削规格切削后称重，测出每株块根的平均重量，计算公式如下：

每块条田预测亩产量（kg）＝亩/平均行距（m）×平均株距（m）×平均块根重量（kg）

如果一块条田内甜菜差异很大，以整块条田为一个测算单位，用对角线法测产，势必造成较大的误差。所以，必须视条田甜菜长势好坏划分为几个小区，丈量几小区的面积和计算出小区总产量，将每小区总产量相加，再除以该条田的总面积，即得到该条田的预测亩产量。

2. 以单位面积生产率预测产量

甜菜在一块条田内长势均匀，与前一方法一样，选择具有代表性的若干个调查点，挖出一定面积的块根，照切削规格切削后称重，然后量出甜菜块根的面积，按下列公式计算块根的预测产量。

条田块根亩产量＝各取样点块根总重量产量（kg）/各取样点宽度总和（m）×各取样点平均长度（m）×亩

产量预测距实际收获期相隔20～30天，在这段时间内，甜菜的块根和糖分仍在继续提高，但增长速度缓慢。应根据预测的产量加上预测到收获这一段时间的产量和糖分增长量，才是比较接近实收的产量。一般在收获前一个月测到产量和糖分到收获时应增加产量10%，糖分提高0.2%～0.8%；收获前半个月预测产量可提高5%，糖分增长0.1%～0.3%。

二、甜菜收获技术标准

甜菜是2年生作物，第一年只能完成甜菜块根的成熟，达不到植物学成熟，即不能获得种子，第一年从成熟的块根中选留母根，第二年栽下母根，才能开花结果。甜菜成熟期可分为生物学成熟期和工艺成熟期，但两者没有明显的界限，只能按照甜菜地上部和地下部的生物学特点加以区分。

由于品种类型、栽培技术、土壤和气象条件等自然因素的不同，甜菜成熟期也不尽一致。无霜期长的地区比无霜期短的地区糖分积累期拖长，成熟期较晚；同一甜菜栽培在不同地块上，地势低洼或土壤质地黏重的比地势高的土壤质地轻的沙壤土成熟期推迟；甜菜起拔水浇得偏晚或生育后期阴雨天气多，气温又较高，在接近收获时，温度和水分都能满足需要，促使其继续生长，成熟期有所推迟。若在干旱年份，生育后期日照时数多，糖分积累快，则成熟期偏早。在相同条件下，丰产型品种成熟期晚，高糖型品种成熟期早，标准型品种成熟期居中。

化肥不同施用量、施肥时期和多种化肥成分的配合比、对甜菜成熟期早晚也有较大影响。在施用化肥之前，要先测定土壤中各种养分的供应能力及当年的基础产量。一般中等肥力水平的地块，亩产甜菜 3 t 左右，氮肥的亩施用量折合尿素 20～30 kg，磷肥施用量折合三料过磷酸钙 10～15 kg，氮磷肥料的配合比为 1∶0.5 较适宜。尿素作为追肥使用，可在叶丛快速生长期追入，如果氮肥追施量过大，而且施肥时间过晚，都将促进后期茎叶生产繁茂，延长茎叶的生长寿命，根叶比例失调，糖分下降，成熟期延后；在生长后期，增施钾肥、磷肥则有利于根叶发育，促进甜菜提早进入成熟期。

植株种植密度与甜菜成熟期有密切关系。在相同条件下，密度小的比密度大的成熟晚。因为甜菜密度小，扩大了单株营养面积，为甜菜提供了良好的生长条件，其相应的成熟期也有所推迟。甜菜保苗密度是夺取甜菜高产、高糖的基础，适宜的收获株数一般在 4 000～5 000 株。密度过小，块根生长过大，糖分含量低，达不到成熟期糖分的标准，造成有的块根有中空现象。

根据不同地块的甜菜成熟期安排收获顺序，可以最大限度地发挥甜菜的增产潜力。根据分析，在正常条件下，糖分积累期每 10 天增加糖分 1～1.5 度。甜菜收获的早晚，直接影响甜菜产量的工艺品质。收获过早，甜菜没达到生理成熟，块根产量低，非糖物质含量高，工艺质量差，产糖率低；收获过晚，甜菜易受到冻害，降低工艺品质，不耐储藏，增加储藏损失和降低储藏质量。由于收获过晚，甜菜交售推迟，还影响甜菜茬的整地，对后茬作物保苗不利。我国各甜菜产区土壤气候条件差异很大，甜菜成熟期不一致，收获期也不相同。东北甜菜产区（包括内蒙古东部地区），甜菜适宜收获期为 9 月下旬至 10 月上中旬，华北地区为 10 月中旬，西北地区为 10 月中下旬。夏播甜菜收获期为 11 月中下旬。各地具体收获期要依据甜菜生物学成熟期确定。

三、甜菜的切削

起收出来的甜菜必须进行切削。目的是把含糖率低、含非糖物质多、没有制糖加工价值的茎叶以及部分青头和尾根切掉，以提高出糖率。把这些副产品收集起来，可作为饲料利用。我国现行的甜菜收购标准是块根重量大于 100 g，尾根直径 1 cm。不符合重量要求的块根，在收获切削过程中被淘汰。但由于近年来甜菜丰收，原料比较充足，有的糖厂自行做主，硬性规定 250 g 以下的甜菜不收购，直径低于 2 cm 的尾根按夹杂物扣除。这种做法是错误的。

目前我国各甜菜产区普遍采用人工切削方法，而且以多刀切削为主。多刀切削法是从甜菜根头部第一排叶痕处向上像削铅笔一样斜切 5～6 刀，切削厚度以 2～3 mm 为标准，根头微露白。但是，在切削过程中，因追求进度，忽视切削标准，常常切削不完全或切掉根头过厚，浪费原料。如果要求切削的青皮、叶痕仍留在根头上，收购时需按夹杂物扣除。

一刀切削法（见图 3—1），是在根冠着生叶子的第一排叶痕上 1.5 cm 处用刀平削，削掉甜菜叶丛，并除掉根头周围干枯柄和直径 1 cm 以下的尾根。多头形的块根，按同样方法，在每个根头各切一刀，除去茎叶。一刀切削法的优点是省工，工作效率高；切除含糖率低、含非糖物质高的根头部分，可以提高块根的工艺质量、出糖率和经济效益；一刀切削，甜菜叶丛不散，便于收集，增加饲料产量，同时切除的部分根头同甜菜叶丛一起作为饲料，提高了饲料价值，一刀切削的甜菜块根，刀伤面小，块根不易腐烂，便于田间储藏。

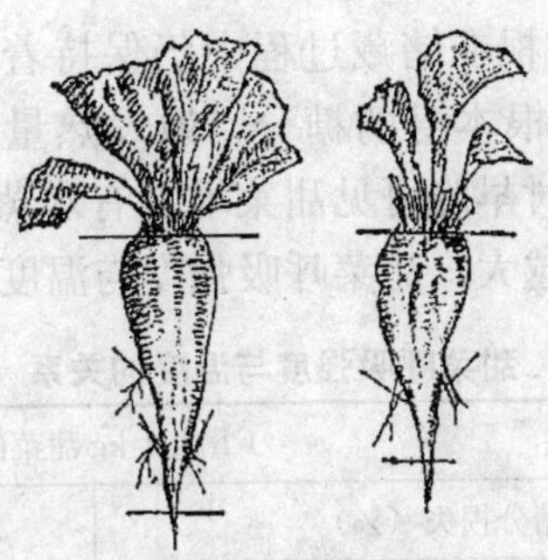

图 3—1　一刀切削法

不论采取哪种切削方法，都要在切削前抖掉块根上的泥土。如果根体上或根沟中的泥土抖不掉，可用刀背轻轻除掉。在切削过程中，要防止用刀刃或刀尖挖刮或碰伤根肉，以免损失糖分，感染腐烂病，妨碍储藏。

四、甜菜的储藏

甜菜储藏同甜菜其他栽培技术一样，是一项十分重要的技术，也是整个甜菜种植过程中不可缺少的作业。只有甜菜丰产丰收，储藏技术过关，储藏作业也完成较好，才能为制糖企业的生产经营和种植者本身创造最大的经济效益。国内一些研究单位和制糖企业在甜菜储藏方面进行了大量的试验研究，积累了丰富的经验。国内外学者通过研究，写出甜菜储藏方面的专著，使甜菜储藏技术上升为一项专门的储藏科学。甜菜储藏分原料甜菜储藏和母根储藏。

1. 原料甜菜的储藏

（1）甜菜的生物化学特点。甜菜块根中水分占 75%，蔗糖占 17%，蛋白质、果胶质、半纤维素和盐分占 5%，糖分则被储藏在蛋白质构成的细胞核里。

在约 25%的甜菜干物质中，蔗糖占 75%，非糖物质占 25%。这些物质都是菌类繁殖的良好养料，是其天然的培养基。所以，甜菜储藏的基本任务是：不使储藏的甜菜块根受热，失水萎蔫，或腐烂变质损失糖分和失去制糖的价值。储藏不好的甜菜，不论腐烂变质的程度如何，都会对制糖生产过程的糖分损失、产糖率、糖的质量等方面造成不同程度的影响。

（2）储藏甜菜的生物化学变化。收购入堆的甜菜，只要不是萎蔫和受冻的个体，都是有生命活动力的有机体。在其储藏过程中，仍会发生复杂的生物化学变化，也即发生其生命活动。其中主要的是呼吸作用和微生物活动。呼吸使甜菜块根产生生理上的正常反应，微生物侵染会造成甜菜块根的腐烂变质，无法加工利用。故深藏时尽量使甜菜减少呼吸作用及微生物的活动，让块根处于休眠或冻固状态，使其失去生命活动或呈轻微的生命活动。

1）呼吸作用。新鲜甜菜块根在储藏过程中仍保持着呼吸作用。在有氧呼吸的条件下，消耗着空气中的氧气和块根本身的糖分，散发热量，生成二氧化碳和水。呼吸散热，使甜菜块根堆温升高，这时早晚可见甜菜堆上有水蒸气逸出、挂水或结霜。呼吸越强，堆温越高，蔗糖损失也就越大。甜菜呼吸强度与温度的关系见表3—1。

表3—1　　甜菜呼吸强度与温度的关系

温度（℃）	1 h内1 kg甜菜的损失	
	糖分损失（%）	CO_2 生成量（mg）
5.1	3.0	4.8
10.2	7.1	9.6
11.3	8.1	10.6

单元 3

在缺氧或无氧条件下，甜菜块根也进行呼吸，其反应是将蔗糖分解成葡萄糖和果糖直到生成二氧化碳和酒精。但是，其中二氧化碳生成量要比有氧呼吸减少一半，是无氧呼吸的反应。

在储藏过程中，缺氧呼吸比有氧呼吸糖分损失大得多。由蔗糖转化而成的葡萄糖和果糖称为转化糖，它在制糖过程中不能结晶析出，而且还会给制糖过程造成困难，废蜜损失也因而增多，砂糖色泽加重。欲知甜菜储藏质量如何，经常化验菜丝还原糖含量便可加以了解。由此可见，对甜菜块根进行良好的储藏，使之进行轻微的有氧呼吸，确保甜菜如入窖时的新鲜，不腐烂变质，不失水萎蔫，这样加工出来的砂糖就不会有损失，其色泽质量都是良好的、有保证的。

2）酶及微生物的作用。对甜菜储藏影响最大的是蔗糖转化酶。此物质在储藏期多呈游离状态存在，能将蔗糖分解为葡萄糖和果糖（统称为转化糖）。这一过程随着蔗糖的分解而加速转化作用，致使糖分损失增大，转化糖及有害氮显著增加。

甜菜块根在储藏过程中引起腐烂的主要原因是微生物侵染。新鲜、健康、无病、无机械损伤的甜菜块根，对微生物具有自然抵抗力，换句话说，微生物不容易从这些好的甜菜块根中入侵。这说明，在收获甜菜的每一个环节，特别是拉运中避免对甜菜的损伤，确保在栽培过程无病虫侵染是至关重要的，是储藏好甜菜块根的前提条件。

微生物中菌类很多，有100多种。它们侵染甜菜时，主要破坏分解块根组织，造成腐烂，有的使蔗糖分解为转化糖，严重的却使蔗糖分解为乳酸、酣酸或其他酸类。造成块根腐烂变质的根本原因，即甜菜本身及储藏条件是否有利于微生物的繁殖。如果上述两个方面的问题都能加以纠正或避免，一是甜菜块根本身健壮、无损伤、无病虫；二是微生物没有侵染的环境和条件，甜菜就能获得良好的储藏，就能制造出优质的砂糖产品。

(3) 甜菜块根储藏的准备工作。对于场地选择，堆藏块根场地应无盐碱，盐碱地容易使甜菜加速腐烂。场地必须坚实平整，无瓦砾石子、杂草、禾茬等杂物。堆藏场地必须干燥，排水良好。场地上应用石灰粉画好堆线，堆线横向间距要能通行手推车，纵向堆间距应能通行汽车。场地必须清扫干净，并通风良好，选在向阳处为宜。

对于储藏器材，需备用直径 10 cm、长 2 m 的管子，其周身钻 12 mm 的通气小孔。最好用稻草制备长 2 m、宽 1 m 的草帘，帘上打 5 道径线，每张草帘重约 5 kg。备妥若干个正负值 40℃温度计。需用厚 0.16 mm、宽 4.5 m 的白色透明的塑料薄膜，其数量视藏堆个数而定。

(4) 入窖甜菜的质量要求

1) 甜菜块根的切削要求。按块根入厂加工的工艺切削要求，切削去青顶部分从上至下 1.5 cm 处，根冠切削去 2 cm 以下的尾根，刮净根沟内的泥土，尽可能不伤及块根。

2) 小个甜菜和夹杂茎叶多的甜菜不能入堆堆藏。为了便于甜菜堆透气散热，对于 250 g 以下的整车甜菜和夹杂茎叶杂草多的甜菜，不能入堆储藏，可安排直接入窖及时加工。

3) 受冻甜菜不能入堆。收购甜菜期间，如遇－3℃以下的低温时，即可使甜菜局部或表皮受冻，这类现象多出现在晚间。受冻甜菜在日出升温之后，当即就有糖汁渗出。要对此类冻化甜菜予以识别，防止卸入储藏堆内，以防入堆后发热腐烂，殃及整个块根藏堆。这类冻化的甜菜可安排入窖加工或作临时堆储，等待加工。

(5) 甜菜块根的储藏方法。一般在温度 0℃左右，收藏期过早，气温高，容易造成甜菜日晒或堆温增高，致使甜菜失水萎蔫，若收藏期偏晚，晚间如出现－3℃的气温，就会使甜菜表皮受冻，难于入堆储藏。

暖藏甜菜仍处于生活状态，也就是说，在储藏过程中，甜菜块根仍进行着生理代谢活动，细胞呼吸产生大量热量。为了减少重量和糖分损失，必须设法通风散热。此项操作难度较大，设施较多，成本较高，国内很少采用，一些欧洲国家采用的也不多见。

冻藏甜菜在我国东北地区普遍采用。东北地区的糖厂收购甜菜后，将甜菜堆放在铁路沿线的收购站，待甜菜块根冻固后再拉到厂内大批储藏。堆两侧设有夹墙，堆上覆盖草帘和塑料薄膜。

新疆糖厂通用的甜菜储藏法有以下几个方面的要求：

1) 作堆要求。按照划定的地线卸下甜菜块根，一般堆宽 10～15 m，高 2 m，堆长随场地大小而定，每隔 10～15 m 栽植一根测温筒，堆的两头能通行汽车，横向堆间能

单元 3

通行手推车。每一甜菜堆的作业完成后，应整理好堆边和堆顶，甜菜堆上插一个标志牌，牌上写明成堆的时间和甜菜数量。一个场地堆满甜菜后，要绘制出甜菜堆的平面图，标明每堆的编号与重量。

2）露藏阶段。储藏甜菜完堆整型后，露天放置 10～15 天。此时甜菜块根均具有生命力，要正常呼吸，放出热量。早晚天冻时，甜菜堆上可见有白色水汽逸出，堆顶甜菜朝下的部位有“哈气”附于甜菜表面，此时，必须及时组织人力扒坑散热，约 10 m^2 扒一个坑，坑深见地，上大下小。有人主张，对于这时的菜堆白天要覆盖草帘，晚上再掀草帘。实践证明，这样没有必要。甜菜堆表面的一层块根由于露天日晒可能造成萎蔫，但仅此一层而已，如将草帘日盖夜掀，不利于甜菜堆大面积散热，而且耗劳力太多，草帘破损，掉草严重，反而污染甜菜。

3）气温进入稳定积雪期后（即日最高温度稳定在－5℃之后），甜菜堆表面也开始积雪，对菜堆散热和促冻有不利的影响。这时，要安排专人在甜菜堆上巡视，发现有化雪露出甜菜块根之处，应立即扒坑散热，坑深以挖到“热源”为止。造成“热源”的原因，主要是作堆时混入了冻化甜菜。成堆的甜菜要在－15℃以后才慢慢结冻，到－20℃、－30℃时才能快速结冻直至冻固，冻固的甜菜表面有很多“小包”，这是水分子积聚冻固形成的小冰粒。不同时间加工的甜菜所盖的草帘，应采用先后重复揭盖的办法，盖够所需要的厚度。如果储藏程序无误，这样的甜菜可加工到 4 月底。除甜菜堆表面的甜菜由于堆放日晒失水萎蔫发霉外，堆内的甜菜不论冻固与否，其色泽均可保持新鲜如初。

2. 甜菜母根的储藏

用来繁殖甜菜种子的块根称为“母根”。因为母根是用来繁殖种子的，所以，母根质量好坏不仅影响块根当年的耐储性，而且影响来年种子的产量和质量，对后代原料甜菜的产量和含糖量也有一定的影响。

母根临时储藏方法是：在正式储窖旁边堆成高 0.5 m、宽 1 m、长不限的长堆，堆中竖 40 cm 直径的苇捆 1～2 束，在堆上盖 10～15 cm 厚的湿土，堆温保持在 0～5℃，超过 10℃应当翻堆散热（见图 3—2）。

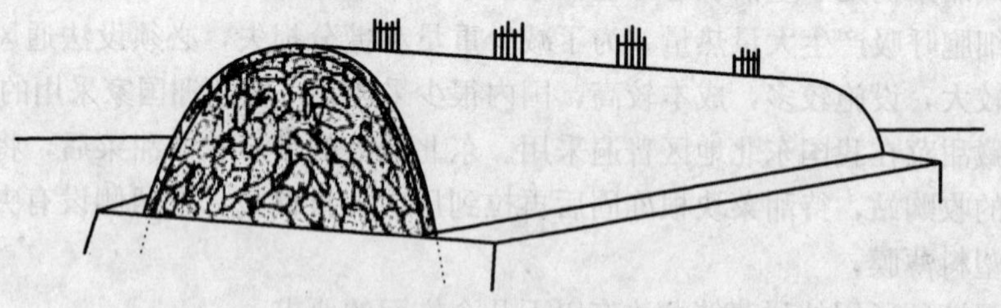

图 3—2　母根临时储藏堆形

甜菜母根储藏的任务是保证母根在窖藏期正常的生命活动，并营创造适当的环境，使之完全通过春化阶段，同时防止病害的发生与蔓延，再者通过窖藏保持母根的新鲜程度，为来年种株发育和种子丰产打下良好的基础。因此，母根窖藏的好坏是北方甜菜良种繁育的重要措施。

甜菜母根是有生命的生物体，其生命活动受本身的特殊和储藏环境的影响，储藏环境主要是温度、湿度、空气组成成分以及微生物等因素的作用。

甜菜母根之所以腐烂变质，是母根和周围微生物对抗失败的结果。据国内外研究，在高温或低温下，小母根比大中型母根减重大，而含糖量的损失则相反，大母根对微生物的抵抗性比小母根小得多。根头中空，尤其是密闭性中空比开放性中空的母根储藏性差；同一母根不同部位抗病力不同，根头抗病力强，根尾特别是失水萎蔫的根尾抗病力更弱。根体则介于上述两者之间。母根腐烂一般从根尾开始。在氮肥丰富或低湿地培育出来的母根不耐储藏。反之，在磷肥丰富或地下水位较低的土地上培育的母根，耐储性好，受冻后窖藏的母根因组织破坏最易腐烂。

温度过高，湿度过大，可促使母根发芽，而且利于微生物活动，而不利于春化阶段的通过，同时增加翌年种株的不抽薹株率，导致种子减产。实践证明，最适宜的窖藏温度为 0～3℃，允许温度变动的范围为－5～－1℃；相对湿度则为 85%～95%。由此可知，窖藏温湿度条件，不仅能使母根顺利通过春化阶段，而且可以保证母根安全越冬，避免或减少母根的根失。

单元 3

当储藏环境内空气中二氧化碳浓度达到 3%～5%时，即能抑制微生物的生育，延长母根储藏期。若二氧化碳浓度达到 20%时，就会妨碍母根正常呼吸，轻则种株发育不良，重则招致种株死亡。母根窖藏期间，根中物质转化为简单化合物，酸度增加，有利于微生物发育，致使母根腐烂加速。

从上述影响母根储藏的因素，即能决定甜菜母根窖藏的原理。在新疆，要把甜菜母根储藏在冻土层稍下，保证母根窖中不冻又不热。因此，母根的质量、入窖期、窖的形式和窖藏期管理等，都是甜菜母根储藏期的主要因素。

临时储藏（又称假储藏）。临时储藏是指母根收获后到入窖前的 20～30 天，进行田间或窖外临时储藏。因为母根收获时，气温较高，新陈代谢旺盛，若母根收获后立即入窖，会使窖温更高，母根会因而发芽，甚至变质腐烂。如通过临时储藏，即可散发母根呼吸时蓄存的大量热量，降低呼吸强度，在此期间，可使受伤、萎蔫及其他不健康而引起腐烂变质的母根显现出来，入窖时便于淘汰，从而保证已窖藏母根的质量。据内蒙古包头糖厂试验，经过临时储藏的母根，比直接入窖时的母根腐烂率降低 21.23%。若收获期偏晚，不经过临时储藏可直接入窖。

当日切削的母根应当临时储藏。储藏地点可视母根窖的远近而定。如母根地距窖近，即须在田间假储藏；如距窖远，则须立即运往母根窖旁，并在窖外假储，避免入窖时的运距长而使母根受冻。

母根临时储藏可待其切削后，运至窖旁或就地临时储藏。临时窖挖宽 1.5～2 m，深 20～30 cm，坑长则视地形和母根数量而定。为了方便入窖，每堆以 4 500 kg 左右为好，一堆入两窖，堆高 1.0～1.2 m，堆中不得混有茎叶、杂草和腐烂变质的母根。为使母根堆能通气散热，在其堆中每隔 3～5 m 设一通气筒，堆上覆土 8～10 cm，并用铁锹拍实，以防母根萎蔫受冻。临时储藏堆要有专人管理，防止人畜践踏和水淹。一旦发现堆里有鼠洞、裂缝，要及时覆土封严。天气变化时，应在土堆阴面加土 5～10 cm。下窖时要挑出腐烂母根，削去长芽，对局部腐烂的母根，用刀将腐烂处挖去，并用草木灰或熟石灰消毒伤口，方能入窖。

3. 窖藏方法

(1) 闷窖。此法为全地下式，入土较深，保温较好，适于寒冷地区。其主要优点是构造简单，易于掌握，效果也好。

1）窖址选择。选择闷窖窖址时，应注意土壤性、地下水位及运输条件，一般要选择地势高燥、地下水位低、土壤黏重、透气性差、距当年母根地及翌年采种地近、窖地无盐碱、春季化雪后能排水的地方挖窖为宜。盐碱地、低洼潮湿地、土层薄并夹有大量砾石和草根的地方，均不适宜开挖母根窖。最好选择地头、地边、路旁及交通方便的地方，以免浪费耕地。窖的方向要与冬季风的方向平行，或以南北方向为宜，防止窖的一侧受冻。闷窖应在收获前 20 天挖妥，窖数可根据留种数量而定，即每立方米母根为 500～600 kg。

2）窖的规格与排列。窖的规格包括深度、宽度和长度，这应结合当地气候条件综合考虑（见图 3—3）。

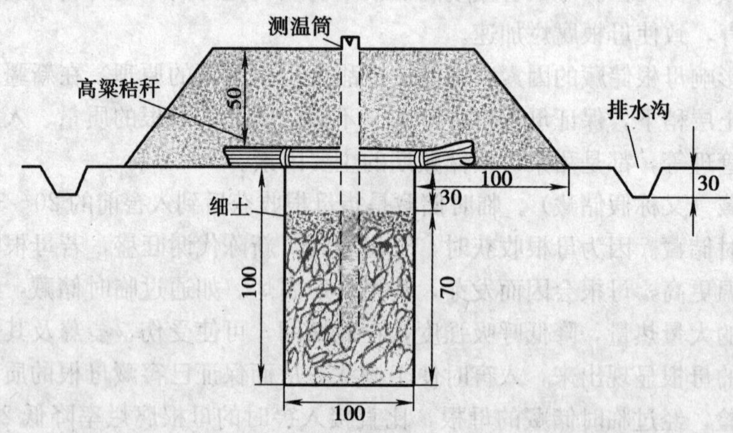

图 3—3　闷窖断面（单位：cm）

窖深对窖温影响很大，即窖深与窖温成正比，窖越深，窖温较高。实践证明，窖的深度与当地冻土深度接近或略超过冻土层的厚度。新疆冻土层厚度为 0.8～1.2 m，故窖深以 1～1.2 m 为宜。窖宽主要根据操作方便和覆盖材料来定，新疆窖宽以 0.8～1.0 m 为宜。窖长一般对母根窖藏影响不大，但南北两端均出现窖温的差异，故以 5 m 为宜。

3）母根入窖和覆盖。经过一段临时储藏时间，气温已逐步降低，母根呼吸作用也减弱，此时可以开始入窖。入窖的最佳时间当地月平均气温降至 0～3℃。入窖前，将窖底铲松 2～3 cm，切断毛细管，防止地下水上升，用草木灰和熟石灰撒布窖壁和窖底。入窖时母根应摆放整齐，以免碰伤，母根堆厚度以不超过窖深的 2/3 为宜，上部 1/3 为架空隔温层，用以调节外界低温侵袭和母根呼吸热的散出。装完窖后，在母根堆表面撒一层湿润细土，其厚度以不露母根为宜，一般为 2～4 cm 即可。

母根入窖后必须立即覆盖。即先在窖上铺一层玉米秆捆（高粱秆、苇子、葵花秆均可）。捆的直径为 20～25 cm，一倒一顺紧密铺放，然后将玉米秆捆两端覆土踩实，再向中间填土，以免中间塌陷。

4）全地下式埋窖，方法简单易行，母根储藏数量多，成本低，效果好，各地普遍适用，其窖址选择、窖的排列、装窖方法与闷窖方法相同。

①埋窖的规格与入窖。一般窖宽 0.8～1 m，深 0.8～0.9 m，长 5～6 m。母根不经临时储藏可直接入窖。在入窖时，每隔 3～5 m 竖一个通气把，母根地高度 0.7～0.8 m，表面一层母根根头向上，根尾向下摆平。

②埋窑的覆盖。母根入窑后立即覆盖 10 cm 湿润细土。当窑温降至 3～5℃时，盖麦糠 0.1～0.15 cm 厚，加土 0.1 cm。窖温降至 1～3℃时，必须再进行第二次覆土，厚度 0.2～0.3 cm，覆盖总厚度 0.5～0.6 cm，通气把高出堆面 0.2 m 左右。埋窖断面如图 3—4 所示。

5）活窖的规格、入窖、覆盖等方面均与闷窖相同，所不同的是窖顶两端分别设窖门和通气孔，由此而称为活窖。活窖的优点是母根出窑后新鲜完好，腐烂率低，一般母根损失率均在 5%以下；又因窖内可调节温度，母根不经临时储藏即可直接入窖，既节约劳力，降低成本，又减少母根受冻失水的机会。由于窖温可随时调节，窖内很快长期处于稳定的低温，有利于母根顺利通过春化阶段，在异常年份便于保温、防冻和防湿。

①活窖的规格与窖宽。一般窖长 5 m，宽 1 m，深 1.4 m，窖门 0.7 m×0.7 m，通气孔 0.25 m×0.25 m。母根入窖时，先由地沟的一端，由底向上轻放母根，达到规定高度 0.7 m 后，母根堆上覆湿润细土 10 cm 左右即可。

②活窑的覆盖。母根入窖后，立即把玉米秆捆一倒一顺棚在沟上，先将玉米秆两端踩实，接着在窖盖两端分别开窖门和通气孔。窖门能容一人进出，通气孔以能伸进人的腿脚为宜。盖土分次进行，入窖后第一次覆土厚度为 0.2 m，过一段时间气温逐渐下降，再覆土 0.4～0.5 m，即可安全越冬。其窖的规格为下宽 4 m，长 9 m；上宽 2 m，长 8 m；高 0.6～0.7 m。

（2）窖藏期的管理。做好窖藏期的管理工作，对保证母根储藏质量至关重要。

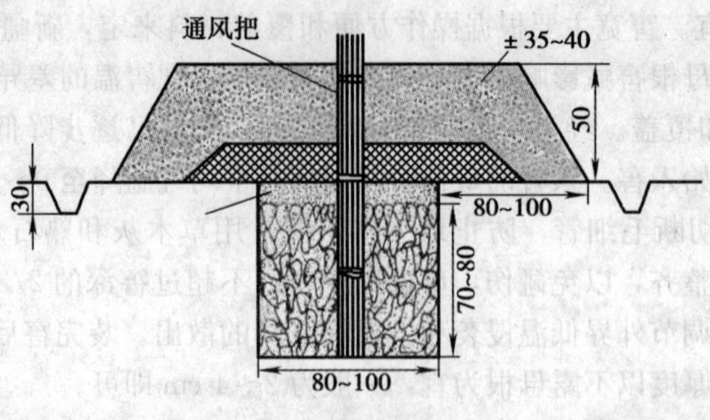

图 3—4　埋窖断面（单位：cm）

需做好通风口的管理工作。母根入窖后，窖温仍不断升高，按照气温与窖温通过通风口来调节窖内温度，是母根储藏期管理的重要一环。

闷窖的南北两端窖壁上，从上至下各设一个直径 0.2～0.3 m 的小口作为通风口，以调节窖内温度，入窖初期，窖内堆温较高，常在 5℃以上，这时可昼夜开放通风口，当窖温下降至 3～4℃时先封北口，窖温下降至 1～3℃时再封闭南口。在通风口开放期间遇有寒流，要用草捆将通风口堵严，防止母根受冻，当封闭通风口后，就能保持窖温平稳。

活窖的窖门直下的母根顶上，一见覆土起冻，或早晨通气孔周边挂霜时，就应用豆秸或麦草松散盖住窖门和通气孔。封冻后，通气孔的豆秸或麦草的空隙挂霜，母根堆上覆土见冻时，也应将豆秸或麦草紧塞窖门和通气孔。窖盖和窖壁的夹空应该透霜，若过早透霜，冻层有冻入母根地深处的可能时，应往母根堆上盖一层薄草，以防母根冻害。不见透霜，应把窖门和通气孔各开一缝隙，以便降温排湿，引霜进入窖底。出窖时轻冻的母根，经慢慢缓冻，仍可恢复其生活力，对种样结籽影响不大。根据甜菜窖温变化，应分别在松散盖窖，紧塞窖口和窖透霜时检查根窖，每次检查完的母根，必须原地埋好，以防母根裸露冻坏。

在窖藏期定期检查母根，可以正确掌握窖内情况。从实际而言，闷窖和埋窖 1～2 个月开窖检查 1 次，检查工作应在晴天无风的中午进行。检查时将窖打开一段，对打开处的母根，从上至下全部予以检查。活窖则从窖门进入窖内检查，检查要选窖的中部打开 1 m 长，窖内母根从上至下全部查看。无论采用何种储藏方法，都要分上、中、下 3 层记载母根的新鲜状态、腐烂率、发芽情况等项目，若发现问题及时解决。

第二节 腾地

→ 能够实施年度种植计划

→ 能够拟订残茬处理、土壤耕翻方案

腾地在甜菜的种植过程具有十分重要的意义，它是年度种植计划实施的第一步。

一、合理轮作

甜菜是深根系作物，吸肥力强，吸肥多，持续时间长，从土壤中吸取的营养物质和水分比麦类作物多。甜菜又常发生病害，特别是根腐病严重，并会逐年扩展。因此，种植甜菜时，必须进行轮作倒茬，以恢复土壤肥力，防治病虫害。在病虫害发生轻微、施肥量较多的地区或地块，轮作周期可短些，一般以 4 年轮作为宜；反之，则应适当延长轮作周期。甜菜褐斑病、黄化毒病发病地区实行 5 年轮作。根腐病发生严重地区实行 6 年以上轮作。

合理轮作是用地养地相结合的重要措施。因地制宜地制定轮作方式，合理搭配轮作周期中的各种作物，可以在增加产量的同时，不断提高土壤肥力。

种植甜菜切忌迎茬（隔年种甜菜）和重茬（连作），因为重茬和迎茬对土壤养分和水分消耗量过大，还会引起病害大量发生，致使甜菜大幅度减产，含糖率显著降低。

在北方春播甜菜区，甜菜最好的前作是麦类作物（如大麦、小麦等）、油菜、亚麻、胡麻等夏收作物。这些作物生长期短，吸肥少，持续时间短，土壤残肥多。同时麦类和亚麻收获后，又能及时浅耕灭茬，实行半休闲，接纳大量雨水，有利于土壤熟化，恢复地力快，杂草少。这些作物是种植密度大的须根系作物，同中耕的甜菜轮作，有利于利用土壤中不同层次的养分和水分，防除杂草和病虫害，促进甜菜生长。

大豆及其他豆类作物是甜菜比较好的前作。这些作物根部生有大量根瘤，根瘤菌能固定土壤中游离的氮素。土壤氮素水平比较高，为甜菜提供了良好的营养环境。豆科作物是直根系，有穿插、挤压及根系吸收水分、引起土粒胀缩等作用，以促进土壤结构的形成。但是，大豆茬地下害虫（主要是大黑金龟子幼虫）较多，特别是隔年豆茬，地下害虫为害更重，可造成甜菜缺苗、减产，甚至毁苗。利用大豆茬种植甜菜，必须采取防虫措施。大豆茬土壤氮素营养较多，种植甜菜需增施磷肥、钾肥，调节氮、磷、钾的营养比例，同时要避免施氮肥过量，引起甜菜茎叶徒长，延缓生长中心转移，甚至引起生长中心逆转，大幅度降低甜菜含糖率。

近年来，各地普遍增加玉米种植面积，施肥量增加，用玉米茬种甜菜也逐渐增多。在玉米茬地种甜菜时，只要捡拾干净茬子，秋耕整地，提高播种质量，一般可获得较好的收成。新疆甜菜产区用棉花茬种甜菜，因为棉田精耕细作施肥多，残肥也多；加之棉花根系庞大，入土深广，有利疏松土壤，所以，甜菜能获得好收成。甜菜根系强大，具有很强的穿插土层能力，对于改良土壤结构、改善深土层的通透性具有良好作用。收获后，甜菜残留的茎叶和庞大根系的残骸，增加了土壤有机质的含量；甜菜是中耕作物，在生育期中耕松土、除草以及收获时起收块根、耕翻土壤，使耕层土壤疏松，改善土壤理化性质，为甜菜后茬作物创造良好的土壤环境条件。但是，在生产实践中，群众普遍反映甜菜茬“冷浆”，对后茬作物的产量和质量有不良影响。例如，甜菜后茬种玉米、高粱，当年施肥不足时，常常出现“红苗”现象，一般减产 10%～20%；种大豆，引起贪青晚熟，减产 20%以上。通过大量调查和科学试验，已查明甜菜后茬减产的原因，主要是种植甜菜施肥量不足，甜菜根深叶茂，消耗土壤养分过多，吃了“探头肥”，使甜菜茬土壤残留的营养贫乏。另外，甜菜耗水量多，土壤水分缺乏，妨碍微生物对营养物质的分解和转化。土壤明显缺乏氮、磷营养，致使植株水分和营养代谢失调。增加施肥量，改善土壤营养和微生物状况，是解决甜菜后作减产的重要途径。种植甜菜当年增加施肥量，特别是增施钾肥，加强中耕管理，可以提高后作产量。甜菜后作一般以种植麦类和玉米为宜，在增施磷肥、钾肥条件下，种植大豆、高粱和谷子等也能获得较好收成。

调茬轮作在农业生产中具有重要作用。安排甜菜轮作周期的顺序，首先要考虑甜菜对前作要求、对后作的影响，以及轮作周期中各个茬口之间的关系，达到各种作物均衡增产。要注意各种作物对土壤的影响，正确处理用地与养地的关系，不断提高土壤肥力，还要防止各种病虫害交叉感染。

我国各甜菜产区自然条件不同，轮作倒茬方式也不一样。现将我国甜菜产区现行的轮作方式介绍如下：

1. 新疆维吾尔自治区

（1）冬麦（复播绿肥）→甜菜→春小麦（混种复播绿肥作物）→玉米

（2）冬麦（复播绿肥作物）→甜菜→玉米→冬麦（混播苜蓿）→苜蓿→棉花→玉米

（3）春小麦（混播绿肥）→甜菜→玉米→大豆→春小麦（混播苜蓿）→苜蓿→春小麦

2. 甘肃省

小麦→甜菜→玉米→蚕豆或豌豆

3. 山东省

冬小麦（或冬油菜）→甜菜→春小（大）麦→夏玉米→冬小麦→夏玉米

4. 江苏省

第一年 第二年

冬小麦→甜菜→春玉米→冬小麦

套种冬绿肥	套种绿豆

5. 黑龙江省

（1）春小麦→甜菜→{春小麦、谷子}→大豆；玉米→谷子

（2）{马铃薯、亚麻、大豆、玉米}→甜菜→春小麦→{谷子、大豆、玉米、高粱}

6. 吉林省

{大豆、春小麦、玉米}→甜菜→{春小麦→谷子、玉米→大豆、大豆→高粱}

7. 内蒙古自治区

（1）清水地：春小麦→甜菜→{谷子、玉米}→马铃薯

（2）洪水地：春小麦→甜菜→{高粱、糜子}→豆类

（3）盐碱地：春小麦→甜菜→莜麦（燕麦）→胡麻→莜麦→甜菜→莜麦→向日葵

甜菜根系庞大，分布在土壤的深层，具有很强穿透土层充分利用养分水分的能力，对改善土壤结构有良好的作用，甜菜收获后残留的茎叶和根系残骸，可增加土壤有机质含量；生长期内的多次中耕、松土及除草作业，次年杂草少；块根收获时也起了深耕、疏松土层、改善土壤物理性状的作用；甜菜封垄后叶丛繁茂，覆盖严密，土壤水分蒸发量少，既保墒，又减少盐碱返回表层。

二、甜菜的土壤基本耕作

甜菜块根长期居于耕层中，块根的膨大和根系的伸长都要克服土壤的阻力，要求土壤疏松、透气、透水良好、水肥供应适宜的土壤环境条件。适当深耕或深松是甜菜丰产、高糖的重要技术措施。

生产经验和科学试验结果证明，甜菜深耕的作用是：一是打破犁底层，疏松土壤，

提高土壤孔隙度，增加土壤通透性；二是改善土壤透水性，提高土壤保水能力，减少地表径流，提高土壤储水量；三是改善土壤热状况；四是消灭田间杂草；五是促进土壤有益微生物活动，加速土壤熟化，提高土壤肥力。这些有利条件促进甜菜向纵深发展，根系密集层下移，扩大吸收养分和水分的范围，加速块根的增长和地上叶丛的发育。甜菜深耕具有显著增产效果，一般可增产10%～30%，随着耕翻深度的增加，增产水平相应提高。甜菜适宜的耕翻深度，因各地机械和畜力水平而异，在目前条件下，一般要求达到20～25 cm。在国外，甜菜的耕翻深度已普遍达到30～35 cm。据试验，在人工翻耕条件下（分层施肥，不打乱土层），甜菜耕深39 cm效果最好，比33 cm增产显著。

深松具有深耕同样的效果。在土层薄或盐碱土上深松，可防止未热化土壤和含盐分高的土壤被翻到表层，影响甜菜出苗、生长。目前我国已研究出超深松犁，耕深可达35 cm，已在国营农场推广。深耕或深松结合施肥，甜菜增产效果更明显。

甜菜深耕后效可达3～4年。在土壤黏重、潜在肥力高的土壤上，深耕后效持续时间较长，反之则较短。

甜菜耕地时间可分为伏耕、秋耕和春耕3个时期。春播区，以伏耕为最好，其次为秋耕，春耕较差。因为伏耕可接纳夏季、秋季雨水；半休闲，有利于土壤熟化。因北方多春旱，耕地时跑墒严重。春耕宜早不宜迟，并要做到耕地连续作业，结合镇压保储土壤水分。

对于夏播区，必须在小麦、油菜等前作收获后，及时耕整地，为甜菜早播、延长生育期打下良好的基础。

甜菜耕地方法，目前普遍采用机引犁耕地。根据耕层薄厚确定耕翻深度，或采取深松。耕地深度力争达到20～25 cm；深松时，再加深10 cm。耕地时应做到耕深一致，行向直，不乱土层，不漏耕，不重耕，并减少开闭垄。

在东北的垄作区，畜力耕地提倡“三犁川”耕整地方法，以利于加深耕层；在平作区，用畜力牵引步犁耕地，具体要求同机引犁耕地一样。利用玉米茬种甜菜，春耕整地需刨净茬子。在土壤深耕和深松基础上整地。用耙或耱破碎土块，疏松土壤，平整地面，保储土壤水分。整地作业很重要，是夺取一次播种保全苗的基础。整地次数多少，以达到土壤疏松、透气、保水、保温，为甜菜种子出苗提供良好苗床为宜。早春整地时，土坷垃大，需镇压破碎土块。整地时间依据土壤含水量而定。土壤过干或过湿都不宜整地。

在平作区的内蒙古河套地区、宁夏黄灌区、甘肃河西走廊等地，秋翻地要立即磙、耙、耖（利用旧木耧在地里横竖浅串）保墒。在翻后灌水地块，秋翻后可不耙耱。早春地表稍有解冻时，进行“顶凌耙地”，以减少水分蒸发。土坷垃多时，播种前要进行磙、耙、耖作业，最多有进行两磙、两耙、三耖的。

新疆地区，在冬季无雪、少雪或地下水位低的地方，要先犁后灌（包括冬灌），以利土壤保储较多的水分；在冬季有雪或地下水位较高的地方，应先灌后犁，控制水量。如遇秋季过分干旱，应在前茬作物收前浅灌，收后翻地。秋翻秋灌地，翌春用钉齿耙或木制平土框耙地，将土壤耙平、耙细、以达保墒。

单元测试题

一、填空题（请将正确答案填在横线空白处）

1. 甜菜收获期不宜过早，也不宜过晚，当秋季平均气温达到生长界限温度________℃时，按照甜菜的________开始收获，于________来临前结束此项工作。

2. 甜菜产量预测时，多采用________和________这两种方法来预测产量，准确性较高，操作简单易行。

二、判断题（下列判断正确的请打“√”，错误的打“×”）

1. 甜菜是多年生作物，第一年主要是营养生长，第二年主要是生殖生长。（　）

2. 在一般情况下，要求产量预测和实收产量之差，不应超过5%～7%。（　）

3. 甜菜挖掘、捡拾和集堆可以间断作业。（　）

三、单项选择题（下列每题的选项中，只有1个是正确的，请将其代码填在横线空白处）

1. 我国现行的甜菜收购标准是块根重量大于________ g，尾根苞径为1 cm。
A. 50　B. 100　C. 150　D. 200

2. 目前我国各甜菜产区普遍采用人工切削的方法，而且以________切削为主。
A. 单刀　B. 二刀　C. 多刀　D. 视情况而定

3. 甜菜有氧呼吸需要的气体是________
A. 氧气　B. 二氧化碳　C. 水蒸气　D. 氮气

四、多项选择题（下列每题的选项中，至少有2个是正确的，请将其代码填在横线空白处）

1. 甜菜母根的培育方式有________。
A. 春播母根　B. 夏播母根　C. 种子繁育　D. 秋播母根

2. 甜菜耕地时间，可分为________、________和________3个时期。
A. 伏耕　B. 秋耕　C. 春耕　D. 中耕

五、简答题

1. 简述甜菜与甜菜成熟期有关的因素。

2. 甜菜储藏的基本任务是什么？

3. 甜菜深耕的作用有哪些？

单元 3

单元测试题答案

一、填空题

1. 5　成熟程度　初霜

2. 单株生产率　单位面积生产率

二、判断题

1. √　2. ×　3. ×

三、单项选择题

1. B　2. C　3. A

四、多项选择题

1. AB　2. ABC

五、简答题

答案略。

甜菜种植（高级）理论知识考核试卷

一、填空题（请将正确答案填在横线空白处；每空2分，共计30分）

1. 甜菜单位面积的产糖量主要由________、________和________ 3个要素构成。

2. 当甜菜缺________时，生长受到抑制，叶丛形成缓慢，叶色淡绿，老叶枯黄并提早死亡，植株瘦弱，光合作用强度降低，根产量大幅度下降。

3. 从出苗到根初生皮层脱落的这段时间称为________期。

4. 磷肥不足，会影响________和________的合成与运输，同时还会阻碍硝酸盐的还原，破坏甜菜正常代谢作用。

5. 甜菜收获期不宜过早，又不宜过晚，当秋季平均气温达到生长界限温度________℃时，按照甜菜的________开始收获，于________来临前结束此项工作。

6. 甜菜产量预测时，多采用________和________这两种方法来预测产量，准确性较高，操作简单易行。

7. 尿素是以________和________为原料、在高温高压下合成的，分子式是________，含氮量约为46.3%，是固体氮肥中含氮量最高的一种。

二、选择题（下列各题的选项中，至少有1个是正确的，请将其代号填在横线空白处；每题4分，共计28分）

1. 我国现行的甜菜收购标准是块根重量大于________ g，尾根苞径为1 cm。

A. 50　　B. 100　　C. 150　　D. 200

2. 目前我国各甜菜产区普遍采用人工切削的方法，而且以________切削为主。

A. 单刀　　B. 二刀　　C. 多刀　　D. 视情况而定

3. 甜菜有氧呼吸需要的气体是________。

A. 氧气　　B. 二氧化碳　　C. 水蒸气　　D. 氮气

4. 甜菜母根的培育方式有________。

A. 春播母根　　B. 夏播母根　　C. 种子繁育　　D. 秋播母根

5. 甜菜耕地时间可分为________、________和________ 3个时期。

A. 伏耕　　B. 秋耕　　C. 春耕　　D. 中耕

6. 实践证明，最适宜的窖藏温度为________℃。

A. 0～3　　B. −3～0　　C. 3～6　　D. 6～9

7. 一般情况下，产量预测和实收产量之差不应超过________%。

A. 2　　　　B. 3　　　　C. 5　　　　D. 7

三、判断题（下列判断正确的请打“√”，错误的打“×”；每题3分，共计15分）

1. 甜菜是多年生作物，第一年主要是营养生长，第二年主要是生殖生长。（　　）

2. 一般情况下，要求产量预测和实收产量之差不应超过5%～7%。（　　）

3. 甜菜挖掘、捡拾和集堆可以间断作业。（　　）

4. 甜菜立枯病是甜菜苗期的主要病害，也称为黑脚病、苗腐病、猝倒病。（　　）

5. 丰产型叶色较绿，叶片生长速度快，高糖型甜菜叶片多浅绿。（　　）

四、简答题（共计27分）

1. 甜菜深耕的作用有哪些？（5分）

2. 复混肥料质量有哪些鉴别方法？（8分）

3. 简述甜菜与甜菜成熟期有关的因素。（8分）

4. 甜菜储藏的基本任务是什么？（6分）

试卷

甜菜种植（高级）理论知识考核试卷答案

一、填空题

1. 单位面积株数　单株块根重量　含糖率
2. 氮
3. 幼苗
4. 碳水化合物　蛋白质
5. 5　成熟程度　初霜
6. 单株生产率　单位面积生产率
7. 氨　二氧化碳　$CO(NH_2)_2$

二、选择题

1. B　2. C　3. A　4. AB　5. ABC　6. A　7. C

三、判断题

1. √　2. ×　3. ×　4. √　5. √

四、简答题

答案略

ZHIYE JINENG PEIXUN JIANDING JIAOCAI

第二部分

农艺工——甜菜种植（技师）

第4单元

幼苗期管理

→ 能够识别幼苗期生理与侵染性病虫害
→ 能够制定综合防治措施

一、幼苗期病虫害

从出苗（子叶露出地面）到根初生皮层脱落（脱皮）的，这段时间称为幼苗期，也称为幼苗块根组织分化期。这一时期持续 30～35 天，在此期间，幼根直径达 0.5 cm 左右，可形成 10 余片叶子，主根深达 60 cm 左右。此期特点是子叶开始枯黄，形成 6 片真叶。甜菜器官和组织逐渐形成和分化，子叶下轴和胚根膨大分化成块根，有 76%以上的光合产物分配到地上部。用于叶丛生长，块根含蔗糖量低，以氮素代谢为主，需要一定数量的磷钾元素。甜菜叶子含氮量仅次于叶丛快速生长期，占全生育期第二位。而磷钾绝对含量居生育期之首。但是幼苗植株矮小，生物产量低，吸收主要营养元素的数量相对少，对氮、磷、钾营养吸收量分别占整个生育期总吸收量的 2.97%、1.58%、19.6%。

单元 4

根组织分化强烈，新陈代谢旺盛，根系向纵、横伸长。对环境条件非常敏感，土壤含水量过高或干旱，土温低或透气性不良，会影响根组织分化和维管束发育，形成"小老苗"；木栓化皮层尚未形成前，下胚轴接触高浓度的农药、化肥等，使根颈的分化和形成受到抑制，就形成畸形（葫芦形）块根；间苗推迟或定苗留双株，特别是株距过近，会导致下胚轴徒长或幼根缠绕在一起，形成螺旋形根，影响块根膨大。

壮苗是甜菜丰产的基础。苗期主攻方向是促进组织分化和根系向纵深发展。针对幼苗期需水量少、对磷素敏感的特点。应在秋耕时细致整地、施足基肥的基础上，播种时施磷作为种肥或应用包衣种子，并加强中耕管理，适时间苗、定苗。

二、侵染性病害的识别

1. 侵染性病害的概念

侵染性病害是由病原生物（如真菌、细菌、病毒、线虫以及高等寄生植物）能通过一定途径传播蔓延的病害。

2. 侵染性病害的分类

由于侵染源不同，侵染性病害可分为真菌性病害、细菌性病害、病毒性病害、线虫性病害、寄生性种子植物病害等多种类型。

3. 病原生物侵染过程

病原生物侵染过程分为 3 个时期。从病原物侵入寄主植物到开始建立寄生关系的时期称为侵入期，从寄生关系建立到症状开始出现的时期称为潜育期，症状出现以后的时期则称为发病期。

4. 植物侵染性病害的发生发展

植物侵染性病害的发生发展包括以下 3 个基本环节。病原生物与寄主接触后，对寄主进行侵染活动（初侵染过程）；由于初侵染的成功，病原生物数量扩大，并在适当的条件下传播（如气流传播、水传播、昆虫传播、人为传播等）开来，不断进行再浸染，使病害不断扩展；由于寄主组织死亡或进入休眠状态，病原生物随之进入越冬阶段，病害处于休眠状态，次年开春时，病原生物从其越冬场所经新一轮传播再对寄主植物进行新的侵染。病原生物、寄主、适宜的环境条件三者缺一不可，被称为植物病害的三角关系。这就是侵染性病害的一个侵染循环。

5. 植物侵染性病害的症状

病原生物可以相互传染，从少到多，从点到面扩大蔓延危害，植物发病后所表现出来的肉眼可见的反常状态。症状因病原物不同而异，细菌病害的症状为菌脓，真菌病害有霉状物、粉状物、锈状物、煤污状物、小黑粒、小黑点等。植物侵染性病害的病原主要是真菌，其次是细菌和病毒。

6. 侵染过程

越冬或越夏的病原菌，在新一代植株开始生长以后引起最初的侵染称为初次侵染。受到初次侵染的植株发病以后，有的可以产生孢子或其他繁殖体，传播后引起再次侵染，许多植物病害在一个生长季中可能发生若干次再次侵染。初次侵染可以引起植物最初的感染；但是，病害在生长季节中的蔓延必须通过不断的再次侵染。病害潜育期短的，再次侵染可能性较大。环境条件适宜，有利于病害发生而缩短了潜伏期，可以增加再次侵染的次数。一般易感染的病害潜伏期都比较长，有几个月的，也有潜伏一年的，所以，除少数例外，只有初次侵染。这些病害在植株的生长期间一般不会传播蔓延。有些病菌（如疫病、霜霉病、锈病和叶枯病等）潜育期都较短，再次侵染可以重复发生，所以，在生长季节可以迅速发展，而造成病害流行。

健康植物的细胞和组织进行着正常有序的代谢活动。病原侵入后，寄主植物细胞正常的生理功能遭到破坏。病原生物对寄主的影响，除了夺取寄主的营养物质和水分外，还对植物施加机械压力以及产生对寄主的正常生理活动有害的代谢产物，如酶、毒素相生长调节物质等，诱发一系列病变，产生病害特有的症状。除病毒和类病毒以外，其他各类病原生物都能产生酶、毒素和生长调节物质。

三、侵染性病害的症状

植物受病原生物或不良环境因素的侵扰后，内部的生理活动和外观的生长发育会显示的某种异常状态，也称为症状。常见病害症状有很多种，变化很多，归纳起来有 5

类，即变色、坏死、萎蔫、腐烂和畸形。

1. 变色

病植物色泽发生改变，大多出现在病害症状初期，尤其是病毒病中最常见。整个叶片或者叶片的一部分均匀变色，主要表现为褪绿和黄化。褪绿是由于叶绿素减少而使叶片表现为浅绿色。当叶绿素的量减少到一定程度表现为黄化。另一种形式是叶片不均匀变色，如常见的花叶是由于形状不规则的深绿色、浅绿色、黄绿色或黄色部分相间而形成不规则的杂色，不同变色部分的轮廓很清楚。有时变色部分的轮廓不清楚，这种症状就称为斑驳。

2. 坏死

坏死是细胞和组织的死亡，因受害部位不同而表现各种症状。坏死在叶片上常表现为叶斑和叶枯。

3. 腐烂

腐烂是植物组织较大面积的分解和破坏。腐烂与坏死有时很难区别。一般来说，腐烂是整个组织和细胞受到破坏和消解，而坏死则多少还保持原有组织的轮廓。腐烂分为干腐、湿腐和软腐。一些细菌和真菌都能引起腐烂，同时发出气味。

4. 萎蔫

典型的萎蔫症状是指植物根茎的维管束组织受到破坏而发生的凋萎现象，而根茎的皮层组织还是完好的。如果凋萎仍能恢复的称为暂时性萎蔫，出现后不能恢复的称为永久性萎蔫。萎蔫程度和类型也有区别，有青枯、枯萎、黄萎等不同。

5. 畸形

植株受病原生物产生的激素类物质的刺激而表现的异常生长可分为增大、增生、减生和变态 4 种。增生是病组织的薄壁细胞分裂加快，数量迅速增多，使局部组织出现肿瘤或癌肿；增大是病组织的局部细胞体积增大，但数量并不增多；如根结线虫在根部取食时，在线虫头部周围的细胞因受线虫分泌毒素的影响，刺激增大而形成巨型细胞，外表略呈瘤状凸起。

防治侵染病害的最好方法是以预防为主，不给病害以可乘之机。但若将植株放在无菌环境，娇生惯养，会大大降低其免疫力，实无必要。平日细心留意，多加提防。采取综合防治措施。

单元测试题

一、填空题（请将正确答案填在横线空白处）

1. 病原物侵染过程有 3 个时期，分别为________、________、________。

2. 植物受病原生物或不良环境因素的侵扰后，内部的生理活动和外观的生长发育会显示的某种异常状态，也称为症状。常见病害症状有很多种，变化很多，归纳起来有5类，即________、________、________、________和________。

二、判断题（下列判断正确的请打“√”，错误的打“×”）

植物侵染性病害的病原主要是细菌，其次是真菌和病毒。（　）

单元测试题答案

一、填空题

1. 侵入期　潜育期　发病期

2. 变色　坏死　萎蔫　腐烂　畸形

二、判断题

×

第5单元

田间管理

第一节　肥水管理

→ 能够制定甜菜栽培技术规程

→ 掌握节水灌溉的一般方法，能够制定水肥管理措施

一、甜菜栽培技术规程

1. 播前准备

(1) 主要技术指标

播种量：0.4～0.6 kg/亩。

保苗数：5 500～6 000 株/亩。

产量构成：收获数 5 500～6 000 株/亩，平均单株重 0.8～1 kg，产量 4 500 kg/亩，含糖率 16%以上。

化肥投入量：喷沟灌施纯氮 11.5～13.8 kg/亩（尿素 30 kg/亩），纯磷 8.1～9.7 kg/亩（三料 21 kg/亩），纯钾 2.8～3.3 kg/亩（硫酸钾 5 kg/亩），生物有机肥 30～50 kg/亩或农家肥 2 t/亩。氮：磷：钾＝1：0.7：0.24。

灌水总量：整个生育期 5～7 次，喷沟灌总量为 350～550 m^3/亩，滴灌总量 140～200 m^3/亩。

(2) 土地准备

1）选地。甜菜是块根作物，根系发达，产量高，需肥水多。选择以土层深厚、疏松肥沃、排灌方便的壤土、砂壤土种植为好，有机质含量 1%以上，总含盐量不超过 0.4%，碱解氮 50～100 mg/kg，速效磷 10～20 mg/kg，速效钾 150～200 mg/kg，pH 值 7～7.5。

2）轮作倒茬。轮作倒茬是合理利用地与养地的重要措施，有利于调节土壤的肥水状况，保证甜菜正常生长，提高甜菜单产。一般以小麦、油菜、豆类、苜蓿等都可用为甜菜的前茬，严禁重茬和应茬，一般 3～4 年以上轮作，根腐病、丛根病等重病区实行 6～8年轮作。

3）犁地及施底肥。前茬收割后，应立即清地，全层施肥，三料 15～20 kg/亩＋尿素 5 kg/亩＋生物有机肥 30～50 kg/亩或农家肥 2 t/亩均匀地施入土壤中。犁地时做到不留犁沟、不漏不重、深浅一致。

4）土壤封闭处理。春季及时适商整地，整地质量必须达到“墒、平、松、碎、净、

单元 5

齐”六字标准。结合整地，用96%金都尔70～80 g/亩，分别兑水20 kg，遍喷遍耙，耙深3～5 cm，以防除单、双子叶杂草。

（3）种子准备

1）品种选择。一般选用经过本区区试的高产、高糖、抗病的国内外优良品种。纯净度不低于98%，发芽率75%以上，目前以德国品种为主。

2）种子处理。包衣过的种子除外，未包衣的种子先用杀虫剂，再用以杀菌剂拌种，晾干待播。

2. 播种

（1）播种方式及行株距。采用膜上穴播，膜宽145 cm宽窄行配置。行距（60＋30）cm和株距23～25 cm，播深2.5～3 cm。要求行距准确，下籽均匀，深浅一致，铺膜整齐，覆土严密，膜面干净。

（2）播种期。适期早播是甜菜全苗的关键。当土壤5 cm地温稳定超过5℃，即可播种。由于地区地温差异播种期不一致。

（3）播种量。采用膜上穴播，亩播种量0.4～0.6 kg（生物多粒种）。

3. 田间管理

（1）破板放苗。从开始出苗到结束，每天逐行检查放苗，以防烧苗。遇雨及时破板，放苗时，要用土封好放苗的洞口。

（2）疏苗定苗。1对真叶时开始定苗，3对真叶结束。留大苗、壮苗、健苗，不留双苗，亩保苗5 500～6 000株。

（3）中耕除草。甜菜生育期中耕2～3次。出苗现行时进行第一次中耕，耕深10～12 cm，护苗带10～12 cm；疏苗后第二次中耕，耕深12～16 cm，护苗带8～10 cm；灌头水前进行第三次中耕、开沟、耕深12～20 cm，护苗带12～14 cm。中耕要求为表土松碎、不埋苗、不伤苗、不压苗、不漏耕。结合机械中耕，进行人工除草。

（4）追肥。生育期追肥1～2次，第一次在头水前，结合第三次中耕开沟施尿素15 kg/亩＋硫酸钾5 kg/亩，第二次在头水后，追施尿素10～15 kg/亩，深度8～10 cm。

（5）灌水。在头水前揭去地膜。灌水原则是前控后促。从叶丛繁茂期至块根膨大期，应保证甜菜水分的需要，浇足浇透，不旱不淹。田间诊断：当中午大部分叶片萎蔫下垂时，应灌水，一般年份在6月中下旬灌头水（甜菜生长15片叶时），以后每隔15天左右灌一次，收获前10天左右灌水。

（6）病虫害防治

1）白粉病与褐斑病防治。在发病初期用20%粉锈宁50～70 g，或50%多菌灵500倍液，或72%甲基托布津800倍液，或世高2 000倍液等杀菌剂进行叶面喷雾，喷2～3次，间隔10～15天。

2）象甲虫、菜青虫、地老虎、金针虫等害虫防治。用绿福 50 g/亩，或乐斯本 50～80 g/亩，兑水 25～30 kg；地下害虫发生时，用 90%敌百虫 800～1 000 倍液灌根，或毒饵诱杀。

（7）叶面追肥。在叶丛繁茂期至块根膨大期进行叶面喷施，喷 1～2 次，补充磷肥、钾肥、硼肥等。

4. 收获

叶丛疏散外翻匍匐形，叶色发黄、有明亮光泽即可收获，一般年份在 9 月下旬或 10 月初收获，收获时可采用联合机械收获机或机械起拔，人工切削，随集堆随封盖。“五净”即挖净、拾净、削净、装净、运净。减少块根失水、受冻及变质。

二、节水灌溉的一般方法

灌水方法即田间配水方法，就是如何将已送到田头的灌溉水均匀分布到作物根系活动层中去。按灌溉水通过何种途径进入根系活动层，灌水方法可分为地面灌溉、喷灌、微灌和地下灌溉。

1. 地面灌溉

地面灌溉是传统的灌水方法，一般来说，它可以作为比较是否节水的基点。但是地面灌溉技术也在不断发展和完善，所以最近也有许多比传统地面灌溉技术更节水的方法。

单元 5

2. 喷灌

喷灌是通过空中进行配水，由于需要压力，所以常用压力管道输水。一般来说，其明显的优点是灌水均匀、少占耕地、节省人力、对地形适应性强等，主要缺点是受风影响大、设备投资高等，经过 20 多年的努力，现在我国有喷灌面积 80 多万 hm^2。喷灌系统形式很多，其优缺点也就有很大差别。

3. 滴灌

滴灌是用小塑料管将灌溉水直接送到每棵作物根部的附近，水由滴头慢慢滴出，是一种精密的灌溉方法，只有需要水的地方才灌水，要真正做到只灌作物，而不是灌土地。而且可长时间使作物根区的水分处于最优状态，既省水，又增产。我国现有面积 34 万 hm^2（包括微喷灌），但其最大缺点就是滴头出流孔口小，流速低，因此，堵塞问题严重。对灌溉水一定要认真过滤和处理，目前我国只注意到防止物理堵塞，而同样严重的生物堵塞和化学堵塞问题尚未引起足够的重视。

4. 微喷灌

微喷灌在有的地方被称为雾灌，与滴灌相似，是为了克服滴头太易于堵塞的缺点，将滴头改为微喷头，由于微喷头出流孔口大一些，流量大一些，流速慢一些，所以，不像滴头那样容易堵塞，但流量加大了，毛管也要相应加粗些。在每棵作物或树下装 1～2 个微喷头，即可满足灌溉的需要。微喷头仍有堵塞问题，因此，要对过滤问题给予足够的重视，每亩造价与固定式滴灌相仿。在国外有逐渐以微喷灌取代滴灌的趋势。

5. 渗灌

渗灌与地下滴灌相似，只是用渗头代替滴头全部埋在地下，渗头的水不像滴头那样一滴一滴流出，而是慢慢渗流出来，这样渗头不容易被土粒和根系所堵塞。最近在国内引进采用废轮胎加工成的多孔渗流管，并进行小面积试点，但是，微孔渗流管堵塞是一个严重的问题，未经长时间检验不宜贸然推广。

6. 地下灌溉

地下灌溉是用控制地下水位的方法进行灌溉。灌溉时把地下水位抬高到水可以进入根系活动层的高度，地面仍保持干燥，所以非常省水，不灌溉时把地下水位降下去。这种方法局限性很大，只有在根系活动层下有不透水层时才行。因此，不适于普遍推广。

第二节　病虫草鼠害防治

单元 5

→ 能够对甜菜病虫草鼠害发生时期和发生量进行调查

一、发生期的预测

病虫草鼠害的发生时期可划分为始见期、始盛期、高峰期、盛末期、终见期。预报时着重始盛期、高峰期和盛末期。

1. 期距预测法

期距一般是指病虫草鼠害出现的始盛期、高峰期或盛末期间隔的时间距离。不同地区、季节的期距差别很大，每一个地区应以本地区常年的数据为准，其他地区不能随便代用。这需要在当地有代表性的地点或田块进行系统调查，从当地多年的历史资料中总结出来。有了这些期距的经验或历年平均值，就可以依次预测发生期。

2. 有效积温预测法

在适宜害虫生长发育的季节里，温度高低是左右害虫生长发育快慢的主导因素。只要了解一种害虫某一虫态或全世代的发育起点温度、有效积温及当时田间的虫期发育进度，便可根据近期气象预报的平均温度条件，推算这种害虫某一虫态或下一世代的出现期。

3. 物候预测法

物候是指各种生物现象出现的季节规律性，是季节气候（如温度、湿度、光照等）影响的综合表现。各种物候的联系是间接的，是通过气候条件起作用的。

二、发生量的预测

害虫数量变化规律是生态学的课题。特别是对于爆发性害虫，有的年份它们销声匿迹，甚少危害，有的年份却大肆猖獗，到处成灾，摸清它们发生消长的规律非常重要。

1. 有效基数预测法

有效基数预测法是目前应用比较普遍的一种方法。根据上一代的有效虫口基数、生殖力、存活量来预测下一代的发生量。对一化性害虫或一年中发 2～4 代的害虫预测效果比较好，特别是在耕作制度、气候、天敌数量比较稳定情况下应用较好。

2. 经验指数预测法

在有害生预测物发生数量预测中，经常用经验指数来预测某种生物将要发生的数量趋势，这些经验指数在研究分析影响害虫猖獗发生的主导因素时得出来的。

3. 形态指标预测法

有害生物对外界环境条件的适应会在其内部和外部形态特征上表现出来。例如，不同的体型、生殖器官、性比变化、脂肪含量等都会影响下一代或下一虫态的数量和繁殖力。

单元测试题

一、填空题（请将正确答案填在横线空白处）

1. 病虫草鼠害的发生时期可划分为________、________、________、________、________。

2. 病虫草鼠害发生期的预测方法有________、________、________。

二、简答题

什么是田间配水法？常见的方法有哪些？

单元测试题答案

一、填空题

1. 始见期　始盛期　高峰期　盛末期　终见期

2. 期距预测法　有效积温预测法　物候预测法

二、简答题

答案略。

第6单元

技术管理

第一节　生产计划的编制

→ 能够根据甜菜生产特点及环境条件拟订轮作方案

→ 能够根据甜菜特性进行合理布局，拟订生产计划

→ 能够拟订农资采购计划

一、生产计划的概念

生产计划是对一定生产时期内的任务和目标的预期性部署和安排一整套计划数据，通俗地说，就是“设想”“方案”“打算”。它反映单位或个人打算生产什么、什么时候生产以及生产多少。生产计划必须考虑客户订单和预测、未完成订单、可用物料的数量、现有生产能力、管理方针和目标等。

二、生产计划的分类

1. 按内容分类，有综合生产计划、单项生产计划等。

2. 按功用分类，有生产管理计划、生产目标完成计划等。

3. 按范围分类，有国家生产计划、部门生产计划、单位生产计划、个人生产计划等。

4. 按时间分类，有长远生产计划、年度生产计划、季度生产计划等。

5. 按表达方式分类，有文字生产计划、图表生产计划等。

6. 按作用分类，有指令性计划计划、指导性生产计划等。

三、生产计划的特点

1. 预期性

生产计划都是在事前拟订的，拟订生产计划前要正确评估、分析和论证，充分考虑可能发生或出现的问题，对事物的规律性应有清楚的认识与准确的判断。

2. 可行性

生产计划对本企业生产工作如何发展、问题怎样解决、政策如何执行等都有鲜明的指导作用，是行动方向和工作依据，有关方面都应遵守计划。

3. 可变性

虽然生产计划具有一定的约束力，但它不是法规，可以变通、调整和修改，有时可以对局部甚至全部生产计划内容进行修改，但是这些修改都要依赖对事物发展规律的正确认识。

四、生产计划的要素

1. 生产计划的原因和目的

生产计划是生产管理的核心之一，也是一个合格生产管理人员必备的素质。生产计划管理是落实单位或企业战略目标和年度经营计划的一个重要的子计划，它牵涉面广，涉及单位或企业方方面面的资源。生产计划编制质量的高低，直接关系到单位或客户的满意程度和企业绩效的高低。如果企业或单位不重视生产计划，没有专业的生产计划管理人员编制，计划不成体系，漏洞百出。将严重延误产品交货期，造成产品质量低下，生产成本居高不下，客户流失，企业效益下降。因此，编制科学的生产计划及生产计划管理已成为企业的当务之急。

2. 生产计划的目标和手段

农业生产计划的目标是有计划组织农业生产，符合市场需求，产销两旺，提高农业的生产效益，形成生产供销协调统一的生产模式。

农业生产计划手段是明确的产销组织与部门间的沟通，协调销售与生产运作流程模式，掌握产销协调方式。拟订农业生产计划时，要综合考虑销售计划、生产计划、出货计划的协调性，编制综合性产销计划表，实施定期产销协调会议制度，做好日常生产销售工作链接流程图等。

3. 组织目前的状况

在拟订生产计划时，要了解当前生产情况，主要全面掌握市场信息动态、当前自然资源状况、农业生产水平高低、生产成本价格走势、劳动力资源等，仔细了解生产企业要求量，并做到签订供货农品合同书，这样才能拟订详细的农业生产计划。

4. 实施方法

在农业生产中，农业生产计划控制农业生产，按照计划分步骤、分内容、分销售有序进行生产。加强农业生产管理组织建设，制定生产管理人员的工作职责，明确生产管理人员岗位素质要求，抓好生产进度控制，形成生产控制的单据与报表，填写生产进度控制表、生产计划排程表、生产日报表、生产进度异常分析表、生产能力分析表、生产异常处理表、生产命令单、生产进度跟踪表、交期交量变更表等。

第二节　技术评估

→ 能够对评估技术措施应用效果，对存在问题提出改进方案

一、技术必要性的评估

在采用新技术，特别是农业生产新技术时可能产生一定的风险，也有可能给现有投资成本造成损失，技术必要性的评论主要是对新技术的特点和客户的业务需求进行详细论证和评估。帮助客户了解在新的运作环境下业务和系统功能的复杂程度。降低新技术的使用风险，有利于新技术大面积推广，切实提高职工效益。

二、评价结论

评价结论是对已经做过的甜菜生产工作进行理性思考和科学分析。总结的对象是过去做过的工作，总结时要通过调查研究，努力掌握全面情况和了解整个工作生产过程，只有这样，才能全面总结。结论与计划相辅相成，要以生产计划为依据，拟订生产计划，要在评价结论的基础上进行，遵循的规律是：生产计划→实践→结论→再计划→再实践→再评价结论。

第三节　信息管理

→ 能够对信息进行采集、整理和应用

一、计算机应用及网络基础

1. 计算机网络的定义和分类

计算机网络是把一定地理范围内的计算机通过通信线路互联起来，在相应的通信协议和网络系统软件支持下，彼此相互通信并共享资源的系统。

计算机网络发展分为4个阶段，即远程终端联机阶段、计算机网络阶段、计算机网络互联阶段、信息高速公路阶段。类型有星形、环形、总线形（按拓展结构划分），包括硬件系统和软件系统。硬件系统包括服务器、工作站、中继器、集线器、交换机、网桥、路由器、网关等。软件系统包括通信协议、网络操作系统、网络应用软件等。

2. 因特网（Internet）的概念及其简单应用

Internet是全球最大的公用网，并非一个专业的网站。它的前身是ARPANET，ARPANET是美国于20世纪60年代中期出于战争的需要而建立的网络，后来改由私人经营，更名为Internet，其核心协议为TCP/IP。Internet提供的服务有远程登录（telnet）、文件传输（FTP）、WWW（万维网）、电子邮件（E-mail）、电子公告板（BBS）、新闻组（NEWS）等。

二、农业信息管理

农业信息管理分为农业信息技术、农业信息管理、农业信息分析、科技期刊编辑、农业宏观研究5个部分，收录了科技人员对新阶段农业信息化内外环境发展、农业信息资源管理、农业信息技术开发与应用、农业科技期刊编辑与出版，以及粮食安全、食物与营养、农业科技信息、市场信息分析等方面的研究成果。

第四节　技术开发与总结

单元 6

→ 能够有计划地引进、试验、示范、推广新品种，应用新材料、新技术

→ 能够编写生产技术总结

一、田间实验与统计

田间试验与统计分析，是运用数理统计理论与方法研究农业科学技术工作中所需的田间试验设计、实施和试验资料统计分析方法的一门应用学科，是农学类、植物保护类专业的专业基础课。本课程在高等数学、概率论等课程的基础上，介绍数理统计的基本概念和基本原理，讲解田间试验的基本要求、设计实施和试验资料统计分析方法，既涉及一些严谨的数学理论和方法，又紧密结合农业生产和科学研究实践。这些理论和方法既是进一步学习遗传学、作物栽培学、作物育种学等专业基础课和专业课必备的基础，又是研究农业科学技术必不可少的工具。同时，还有利于培养学生分析问题和解决问题的能力。

田间实验与统计包括田间试验资料整理与描述、常用概率分析、t 检验、方差分析、X2 检验、直线回归与相关分析、多元线性回归与相关分析、协方差分析、正交设计试验资料的方差分析等内容，常用的还有生物统计方法的 SAS 程序、统计数学用表及汉英名词对照表。

二、种子繁育

针对我国甜菜良种繁育存在的问题，改进甜菜良种繁育体系的主要措施有：统一规划，加强管理，规范良种繁育程序和种子市场，加强种子监督和质量检查，保护优良品种的知识产权；试行多种良繁制度，提倡区域性品种，提高区域试验对照种的水准；加强良种繁育基础理论研究，改进良种繁育技术，提高种子的繁殖系数和质量等。

三、农业技术推广

农业技术是指应用于种植业、林业、畜牧业、渔业的科研成果和实用技术，包括良种繁育、施用肥料、病虫害防治、栽培和养殖技术，农副产品加工、保鲜、储运技术，农业机械技术和农用航空技术，农田水利、土壤改良与水土保持技术，农村供水、农村能源利用和农业环境保护技术，农业气象技术以及农业经营管理技术等。

农业技术推广是指通过试验、示范、培训、指导以及咨询服务等，把农业技术普及应用于农业生产产前、产中、产后全部过程的活动。农业技术推广，实行农业推广机构与农业科研单位、有关学校以及群众性科技组织、农民技术人员相结合的推广体系。国家鼓励供销合作社、其他企业事业单位、社会团体以及社会各界的科技人员到农村开展农业技术推广服务活动。

推广农业技术时，应当制定农业技术推广项目。重点农业技术推广项目应当列入国家和地方有关科技发展的计划，由农业技术推广行政部门和科学技术行政部门按照各自的职责，相互配合，组织实施。农业科研单位和有关学校应当把农业生产中需要解决的技术问题列为研究课题，其科研成果可以通过农业技术推广机构推广，也可以由该农业科研单位、该学校直接向农业劳动者和农业生产经营组织推广。向农业劳动者推广的农业技术，必须在推广地区经过试验证明具有先进性和适用性。向农业劳动者推广未在推广地区经过试验证明具有先进性的适用性的农业技术，给农业劳动者造成损失的，应当承担民事赔偿责任，直接负责的主管人员和其他直接责任人员可以由其所在单位或者上级机关给予行政处分。农业劳动者根据自愿的原则应用农业技术。任何组织和个人不得强制农业劳动者应用农业技术。强制农业劳动者应用农业技术，给农业劳动者造成损失的，应当承担民事赔偿责任，直接负责的主管人员可以由其所在单位或者上级机关给予行政处分。

单元测试题

一、填空题（请将正确答案填在横线空白处）

1. 生产计划是对一定生产时期内的________和________的预期性部署和安排一整套计划数据，通俗地说就是“设想”“方案”“打算”。

2. 农业技术推广是指通过________、________、________、指导以及咨询服务等，把农业技术普及应用于农业生产产前、产中、产后全部过程的活动。

二、简答题

生产计划的特点是什么？

单元测试题答案

一、填空题

1. 任务　目标

2. 试验　示范　培训

二、简答题

答案略。

第 7 单元

培训指导

第一节　技术培训

→ 能够拟订初级、中级人员培训计划
→ 能够准备初级、中级人员培训资料、实验用材和实习现场
→ 能够给初级、中级人员授课、实验示范和实训示范
→ 能够指导初级、中级人员进行生产活动

一、培训计划编制方法

根据不同的培训对象，确定培训目的及培训内容，建立培训模式。培训计划中要包括以下几方面内容：

（1）培训目的及应达到的目标。

（2）培训组织体系建设与培训责任划分

1）培训组织体系结构。明确培训计划中组织领导结构，相关的人力、师资、资金保障措施等。

2）培训责任的划分。明确此次培训中各类人员的责任，对任务进行详细的分工，明确职责。

（3）培训的时间、地点及课程设计、师资安排等。

（4）培训期间任务要求。

（5）培训经费预算。根据培训人次及培训过程可能发生的相关费用制定经费预算。

（6）培训的绩效考核办法。

二、讲稿编写方法

1. 设定讲稿题目

可以是一个大标题或一大标题带小标题，标题内容要简单易懂，概括性强。

2. 围绕要讲述的内容分列层次或讲稿提纲

一般分几个层次，根据所讲述的内容由浅至深、由简单到复杂、从基础内容到论述内容，从理论内容到实践内容进行排序，依照所排的提纲层次分别讲述；也可在每个层次的基础上进行多方面的论述和讲解，把要说明的问题论述清楚。

3. 对内容进行阐述

可通过已有的理论知识、最新的科技成果进行讲述，也可通过列举实例加以说明，尽量使学员领会所要讲解的内容，并能够依照理论知识较好地应用到实践中。

4. 图片、幻灯片及实物的准备

为了使讲述内容更生动、更具有实际效果，还可以准备一些图片资料，制作幻灯片及音像资料，准备一些实物，例如，病虫害标本、在实践中收集的具有某些代表性的图片等，这样可以使学员更直观地学习，有利于学员理解和掌握。

5. 培训资料的准备

培训资料包括给学员发放的学习资料、参考书籍、图片等。培训资料要对培训内容有所帮助，可以是一些甜菜生产实际中的经验介绍，或是对甜菜生产上某一关键问题的学术研究论文，也可以是为培训学习进行铺垫的基础性资料。

第二节 技术指导

一、授课、实验、实训方法

授课时，应根据自己所编写的讲稿，按层次讲解，要使用普通话，遇到能举实例说明的问题，尽量用实例加以说明。一般通过板书、讲解、观察实物、观看音像资料的方法，把要讲述的内容完全表达出来。

针对一些特殊的生产问题，可以和学员一起互动交流，鼓励学员对自己所讲述的内容提出看法，或在实践工作中对类似问题加以说明。

实验和实训时，一般是依照所讲的内容准备实物和有代表性的实际观察地点，让学员自己操作或实际观察，引导学员进行正确的判断，这样可以使学员从直接的感性知识入手，对理论知识的理解更容易，这里要注意的是，实物、实际观察地点不可与要讲述的内容不符，避免引起误解。准备实验、实训时，要选择两个以上有明显对比的实训点，实地授课，并对每个实训对象加以评价，指出正确的操作方法。例如，根据不同甜菜长势的判断，对壮苗、旺苗、弱苗及发生病虫危害的苗进行对比。

在技能实训时，要准备实训场所或现场的实物示范，老师最好实际操作，说明的理论依据和现实效果，操作过程中需要讲解操作要领和方法，要使每个学员都能掌握具体的操作方法。

二、技术指导方法

通常说的技术指导，应该分为理论技术指导和实地实践技术指导两种。

理论技术指导方法一般是针对某一个具体生产问题，应用已有的理论技术知识进行说明和指导，设定一个目标，制定科学可行的生产措施和实施方案，让职工依照执行。

实地技术指导则是针对某一个具体的生产问题，到现场进行实地技术指导，通常是在问题发生的实地，实际考察问题发生的各种因素，研究分析发生问题的原因，预测问题的结果，结合丰富的理论知识和实践知识，就地制定各种技术措施，或实际操作，帮助职工解决问题，并制定下一步要操作的具体内容和生产方法。这样做的实效会更好。

单元测试题

一、填空题（请将正确答案填在横线空白处）

1. 通常所说的技术指导，应该分为________指导和________指导两种。

2. 理论技术指导方法一般是针对某一个具体生产问题，应用已有的________进行说明和指导。

二、简答题

什么是实地技术指导？请举例说明。

单元测试题答案

一、填空题

1. 理论技术　实地实践技术

2. 理论技术知识

二、简答题

答案略。

甜菜种植（技师）理论知识考核试卷

一、填空题（请将正确答案填在横线空白处；每空 2 分，共计 40 分）

1. 病原生物侵染过程有 3 个时期，分别为________、________、________。

2. 植物受病原生物或不良环境因素的侵扰后，内部的生理活动和外观的生长发育会显示的某种异常状态，也称为症状。常见病害症状有很多种，变化很多，归纳起来有 5 类，即________、________、________、________和________。

3. 病虫草鼠害的发生时期可划分为始见期、________、________、________、________。

4. 病虫草鼠害发生期的预测方法有________、________、________。

5. 生产计划是对一定生产时期内的________和________的预期性部署和安排一整套计划数据，通俗地说就是“设想”“方案”“打算”。

6. 农业技术推广是指通过________、________、________、指导以及咨询服务等，把农业技术普及应用于农业生产产前、产中、产后全部过程的活动。

二、选择题（下列各题的选项中，至少有 1 个是正确的，请将其代号填在横线空白处；每题 4 分，共计 20 分）

1. 根腐病、丛根病等重病区实行________年轮作。

A. 6～8　　B. 4～6　　C. 8～10　　D. 2～4

2. 一般选用经过本区区试的高产、高糖、抗病的国内外优良品种，纯净度不低于________%。

A. 80　　B. 85　　C. 90　　D. 98

3. 采用膜上穴播，亩播种量________ kg（生物多粒种）。

A. 0.8～1.0　　B. 0.4～0.6　　C. 0.6～0.8　　D. 1.0～1.2

4. 甜菜生育期中耕________次。

A. 1～2　　B. 2～3　　C. 3～4　　D. 4～5

5. 田间试验与统计分析是________类、________专业的专业基础课。

A. 农学　　B. 植物保护　　C. 农业经济　　D. 食品工程

三、判断题（下列判断正确的请打“√”，错误的打“×”；每题 3 分，共计 15 分）

1. 植物侵染性病害的病原主要是细菌，其次是真菌和病毒。　（　）

2. 农业技术是指应用于种植业、林业、畜牧业、渔业的科研成果和实用技术。（ ）

3. 地下灌溉是用控制地下水位的方法进行灌溉。（ ）

4. 遇雨及时破板，放苗时要用土封好放苗的洞口。（ ）

5. 甜菜是块根作物，根系发达，产量高，需肥水多。（ ）

四、简答题（共计 25 分）

1. 什么是田间配水法？常见的有哪些方法？(10 分)

2. 生产计划的特点是什么？(5 分)

3. 什么是实地技术指导？请举例说明。(10 分)

甜菜种植（技师）理论知识考核试卷答案

一、填空题

1. 侵入期　潜育期　发病期
2. 变色　坏死　萎蔫　腐烂　畸形
3. 始盛期　高峰期　盛末期　终见期
4. 期距预测法　有效积温预测法　物候预测法
5. 任务　目标
6. 试验　示范　培训

二、选择题

1. A　2. D　3. B　4. B　5. AB

三、判断题

1. ×　2. √　3. √　4. √　5. √

四、简答题

答案略。

试卷

ZHIYE JINENG PEIXUN JIANDING JIAOCAI

第二部分

农艺工——甜菜种植（高级技师）

第8单元 田间管理

第一节 肥水管理

- 能够依据甜菜特性及水肥需求规律拟订相应的水肥管理方案
- 能够根据作物需求和生态环境优化节水灌溉措施
- 能够依据国家测土配方施肥实施规范，结合本地实际拟订配方施肥方案

一、甜菜生理生化

甜菜块根由水分和干物质组成，在成熟的块根中平均含有75%的水分、17.5%蔗糖和7.5%的非糖物质，在非糖物质中含有0.5%的灰分（主要是钾盐、钠盐等）、0.5%的有害氮（氨基酸、甜菜碱和硝酸盐等）和果胶质、转化糖等，在制糖过程中，有害氮、灰分和果胶质、转化糖等产生胶体物质，吸收蔗糖形成可溶性化合物，使蔗糖不能结晶和分离，流失与密糖中，降低出糖量。一份有害氮要损失25～28份蔗糖。因品种、栽培措施、土壤、气候等条件不同，甜菜根化学成分的含量差异很大。

二、测土配方施肥实施规范

1. 范围

本规范规定了全国测土配方施肥工作中肥料效应田间试验、样品采集与制备、田间基本情况调查、土壤与植株测试、肥料配方设计、配方肥料合理使用、效果反馈与评价、数据汇总、报告撰写等内容、方法与操作规程和耕地地力评价方法。

本规范适用于全国不同区域、不同土壤和不同作物的测土配方施肥工作。

2. 引用标准

本规范引用了下列国家标准和行业标准：

GB/T 6274 肥料和土壤调理剂术语；

NY/T 496 肥料合理使用准则、通则；

NY/T 497 肥料效应鉴定田间试验技术规程；

NY/T 309—1996 全国耕地类型区、耕地地力等级划分；

NY/T 310—1996 全国中低产田类型划分与改良技术规范。

3. 肥料效应田间试验

（1）试验目的。肥料效应田间试验是获得各种作物最佳施肥数量、施肥品种、施肥比例、施肥时期、施肥方法的根本途径，也是筛选、验证土壤养分测试方法、建立施肥指标体系的基本环节。通过田间试验，掌握各个施肥单元不同作物优化施肥数量，基肥、追肥分配比例，施肥时期和施肥方法；摸清土壤养分校正系数、土壤供肥能力、不同作物养分吸收量和肥料利用率等基本参数；构建作物施肥模型，为施肥分区和肥料配方设计提供依据。

（2）试验设计。肥料效应田间试验设计取决于研究目的。本规范推荐采用“3414”方案设计，在具体实施过程中可根据研究目的采用“3414”完全实施方案和部分实施方案。

1）“3414”完全实施方案。“3414”方案设计吸收回归最优设计处理少、效率高的优点，是目前应用较为广泛的肥料效应田间试验方案（见表8—1）。“3414”是指3个因素（氮、磷、钾）、4个水平、14个处理。4个水平的含义为：0水平指不施肥，2水平指当地推荐施肥量，1水平＝2水平×0.5，3水平＝2水平×1.5（该水平为过量施肥水平）。为了便于汇总，同一作物、同一区域内施肥量要保持一致。如果需要研究有机肥料和中量元素、微量元素肥料效应，可在此基础上进行处理。

表8—1　“3414”试验方案处理（推荐方案）

试验编号	处理	N	P	K
1	$N_0P_0K_0$	0	0	0
2	$N_0P_2K_2$	0	2	2
3	$N_1P_2K_2$	1	2	2
4	$N_2P_0K_2$	2	0	2
5	$N_2P_1K_2$	2	1	2
6	$N_2P_2K_2$	2	2	2
7	$N_2P_3K_2$	2	3	2
8	$N_2P_2K_0$	2	2	0
9	$N_2P_2K_1$	2	2	1
10	$N_2P_2K_3$	2	2	3
11	$N_3P_2K_2$	3	2	2
12	$N_1P_1K_2$	1	1	2
13	$N_1P_2K_1$	1	2	1
14	$N_2P_1K_1$	2	1	1

该方案除可应用14个处理、进行氮、磷、钾三元二次效应方程的拟合以外，还可以分别进行氮、磷、钾中任意二元或一元效应方程的拟合。

例如，进行氮、磷二元效应方程拟合时，可选用处理2～7、11、12，求得在以K_2

水平为基础的氮、磷二元二次效应方程；选用处理 2、3、6、11 可求得在 P_2K_2 水平为基础的氮肥效应方程；选用处理 4、5、6、7，可求得在 N_2K_2 水平为基础的磷肥效应方程；选用处理 6、8、9、10，可求得在 N_2P_2 水平为基础的钾肥效应方程。此外，选用处理 1，可以获得基础地力产量，即空白区产量。

其具体操作参照有关试验设计与统计技术资料。

2）“3414”部分实施方案。试验氮、磷、钾某一个或两个养分的效应，或因其他原因无法实施“3414”完全实施方案，可在“3414”方案中选择相关处理，即“3414”的部分实施方案。这样既保持了测土配方施肥田间试验总体设计的完整性，又考虑到不同区域土壤养分特点和不同试验目的要求，满足不同层次的需要。如有些区域重点要试验氮、磷效果，可在 K2 做肥底的基础上进行氮、磷二元肥料效应试验，但应设置 3 次重复。具体处理及其与“3414”方案处理编号对应表见表 8—2。

表 8—2　　氮、磷二元二次肥料试验设计与“3414”方案处理编号对应表

处理编号	“3414”方案处理编号	处理	N	P	K
1	1	$N_0P_0K_0$	0	0	0
2	2	$N_0P_2K_2$	0	2	2
3	3	$N_1P_2K_2$	1	2	2
4	4	$N_2P_0K_2$	2	0	2
5	5	$N_2P_1K_2$	2	1	2
6	6	$N_2P_2K_2$	2	2	2
7	7	$N_2P_3K_2$	2	3	2
8	11	$N_3P_2K_2$	3	2	2
9	12	$N_1P_1K_2$	1	1	2

上述方案也可分别建立氮、磷一元效应方程。

在肥料试验中，为了取得土壤养分供应量、作物吸收养分量、土壤养分丰缺指标等参数，一般把试验设计为 5 个处理：空白对照（CK）、无氮区（PK）、无磷区（NK）、无钾区（NP）和氮、磷、钾区（NPK）。这 5 个处理分别是“3414”完全实施方案中的处理 1、2、4、8 和 6。如要获得有机肥料的效应，可增加有机肥处理区（米）；试验某种中（微）量元素的效应，在 NPK 基础上，进行加与不加该中（微）量元素处理的比较。试验要求测试土壤养分和植株养分含量，进行考种和计产。在试验设计中，氮、磷、钾、有机肥等用量应接近效应肥料函数计算的最高产量施肥量或用其他方法推荐的合理用量。常规 5 处理试验设计与“3414”方案处理编号对应表见表 8—3。

表 8—3　常规 5 处理试验设计与“3414”方案处理编号对应表

	“3414”方案处理编号	处理	N	P	K
空白对照	1	$N_0P_0K_0$	0	0	0
无氮区	2	$N_0P_2K_2$	0	2	2
无磷区	4	$N_2P_0K_2$	2	0	2
无钾区	8	$N_2P_2K_0$	2	2	0
氮磷钾区	6	$N_2P_2K_2$	2	2	2

(3) 试验实施

1) 试验地选择。试验地应选择平坦、整齐、肥力均匀、具有代表性的不同肥力水平的地块，坡地应选择坡度平缓、肥力差异较小的地块，试验地应避开靠近道路、堆肥场所等特殊地块。

2) 试验作物品种选择。田间试验应选择当地主栽作物品种或拟推广品种。

3) 试验准备。整地、设置保护行、试验地区划；小区应单灌单排，避免串灌串排；试验前多点采集土壤混合样品；依测试项目不同，分别制备新鲜或风干土样。

4) 试验重复与小区排列。为保证试验精度，减少人为因素、土壤肥力和气候因素的影响，田间试验一般设 3～4 个重复（或区组）。采用随机区组排列，区组内土壤、地形等条件应相对一致，区组间允许有差异。同一生长季、同一作物、同类试验在 10 个以上时可采用多点无重复设计。

①小区面积。大田作物和露地蔬菜作物小区面积一般为 20～50 m^2，密植作物可小些，中耕作物可大些；设施蔬菜作物一般为 20～30 m^2，至少 5 行以上。

②小区宽度。密植作物不小于 3 m，中耕作物不小于 4 m。多年生果树类选择土壤肥力差异小的地块和树龄相同、株形和产量相对一致的成年果树进行试验，每个处理不少于 4 株。

5) 试验记载与测试。参照肥料效应鉴定田间试验技术规程（NY/T 497—2002）执行，收获期采集植株样品、进行考种和经济产量测试。必要时进行植株分析。每个县每种作物应按高、中、低肥力分别各取不少于 1 组 3414 试验所有处理的样品用于分析化验。

(4) 样品采集与制备。采样人员要具有一定的采样经验，熟悉采样方法和要求，了解采样区域农业生产情况。采样前，要收集采样区域土壤图、土地利用现状图、行政区划图等资料，绘制样点分布图，拟订采样工作计划。准备 GPS、采样工具、采样袋（如布袋、纸袋、塑料网袋等）、采样标签等。

1) 土壤样品采集。土壤样品采集应具有代表性，并根据不同分析项目采用相应的采样和处理方法。

①采样规划。采样点参考县级土壤图，做好采样规划设计，确定采样点位。实际采样时严禁随意变更采样点，若有变更须注明理由。

②采样单元。根据土壤类型、土地利用等因素，将采样区域划分为若干个采样单元，每个采样单元的土壤性状要尽可能均匀一致。

平均每个采样单元为100～200亩（平原区、大田作物每100～500亩采一个混合样，丘陵区、大田园艺作物每30～80亩采一个混合样）。为了便于田间示范追踪和施肥分区，采样集中在位于每个采样单元相对中心位置的典型地块，采样地块面积为1～10亩。采用GPS定位，记录经纬度，精确到0.1″。

③ 采样时间。在作物收获后或播种施肥前采集，一般在秋后。设施蔬菜在晾棚期采集，果园在果品采摘后的第一次施肥前采集。进行氮肥追肥推荐时，应在追肥前或作物生长的关键时期采集。

④采样周期。同一采样单元，无机氮及植株氮营养快速诊断每季或每年采集1次；土壤有效磷、速效钾等一般2～3年采集1次；中量元素、微量元素一般3～5年采集1次。

⑤采样深度。采样深度为0～20 cm。土壤无机氮含量测定，采样深度应根据不同作物、不同生育期的主要根系分布深度来确定。

⑥采样点数量。要保证足够的采样点，使之能代表采样单元的土壤特性。每个样品采样点的多少，取决于采样单元的大小、土壤肥力的一致性等。采样必须多点混合，每个样品取15～20个样点。

⑦采样路线。采样时应沿着一定的线路，按照“随机”“等量”和“多点混合”的原则采样。一般采用S形布点采样，能够较好地克服耕作、施肥等所造成的误差。在地形变化小、地力较均匀、采样单元面积较小的情况下，也可采用梅花形布点取样。要避开路边、田埂、沟边、肥堆等特殊部位。

⑧采样方法。每个采样点的取土深度及采样量应均匀一致，土样上层与下层的比例要相同。取样器应垂直于地面入土，深度相同。用取土铲取样应先铲出一个耕层断面，再平行于断面取土。因需测定或抽样测定微量元素，所有样品都应用不锈钢取土器采样。

⑨样品量。混合土样以取土1 kg左右为宜（用于推荐施肥的0.5 kg，用于试验的2 kg以上，长期保存备用），可用四分法将多余的土壤弃去。方法是将采集的土壤样品放在盘子里或塑料布上，弄碎、混匀，铺成正方形，画对角线，将土样分成4份，把对角的两份分别合并成一份，保留一份，弃去一份。如果所得样品依然很多，可再用四分法处理，直至所需数量为止。

⑩样品标记。采集的样品放入统一的样品袋，用铅笔写好标签，内外各一张。

2）土壤样品制备

①新鲜样品。某些土壤成分（如二价铁、硝态氮、铵态氮等）在风干过程中会发生显著变化，必须用新鲜样品进行分析。为了能真实反映土壤在田间自然状态下的某些理化性状，新鲜样品要及时送回室内进行处理分析，用粗玻璃棒或塑料棒将样品混匀后迅速称样测定。

新鲜样品一般不宜储存，如需要暂时储存，可将新鲜样品装入塑料袋，扎紧袋口，放在冰箱冷藏室或速冻保存。

②风干样品。从野外采回的土壤样品要及时放在样品盘上，摊成薄薄的一层，放在干净整洁的室内通风处自然风干，严禁暴晒，并注意防止酸、碱等气体及灰尘的污染。在风干过程中，要经常翻动土样并将大土块捏碎，以加速干燥，同时剔除侵入体。

风干后的土样按照不同的分析要求研磨过筛，充分混匀后，装入样品瓶中备用。瓶内外各放一张标签，写明编号、采样地点、土壤名称、采样深度、样品粒径、采样日期、采样人及制样时间、制样人等项目。制备好的样品要妥善储存，避免日晒、高温、潮湿和酸碱等气体的污染。全部分析工作结束，分析数据核实无误后，试样一般要保存3个月至一年，以备查询。“3414”试验等有价值、需要长期保存的样品，必须保存于广口瓶中，用蜡封好瓶口。

(5) 植物样品的采集与制备

1) 采样要求。植物样品分析的可靠性受样品数量、采集方法及分析部位影响，因此，采样应具有：

代表性：采集样品能符合群体情况，采样量一般为1 kg。

典型性：采样的部位能反映所要了解的情况。

适时性：根据研究目的，在不同生长发育阶段，定期采样。

2) 样品采集。由于甜菜作物生长的不均一性，一般采用多点取样，避开田边2 m，按梅花形（适用于采样单元面积小的情况）或“S”形采样法采集。在采样区内采取10个样点的样品组成一个混合样。采样量根据检测项目而定，装入布袋。

3) 标签内容。采样序号、采样地点、样品名称、作物品种、土壤名称（或当地俗称）、成土母质、地形地势、耕作制度、前茬作物及产量、化肥农药施用情况、灌溉水源、采样点地理位置简图。

4) 植株样品处理与保存。需要洗涤时，时间不宜过长，并及时风干。为了防止样品变质、虫咬，需要定期风干处理。测定重金属元素含量时，不要使用能造成污染的器械。

完整的植株样品先洗干净，根据作物生物学特性差异，采用能反映特征的植株部位，用不污染待测元素的工具剪碎样品，充分混匀用四分法缩分至所需的量，制成鲜样或于60℃烘箱中烘干后粉碎备用。

4. 田间基本情况调查

(1) 调查内容。在土壤取样的同时，调查田间基本情况，填写测土配方施肥采样地块基本情况调查表，同时开展农户施肥情况调查，填写农户施肥情况调查表。

（2）调查对象。调查对象是取样点所属村组人员和地块所属农户。

5. 基础数据库的建立

（1）数据库建立标准

1）属性数据采集标准。按照测土配方施肥数据字典建立属性数据的采集标准。采集标准包含对每个指标完整的命名、格式、类型、取值区间等定义。建立属性数据库时，要按数据字典要求，制定统一的基础数据编码规则，进行属性数据录入。

2）空间数据采集标准。县级地图采用 1 ∶ 50 000 地形图为空间数学框架基础。

投影方式：高斯—克吕格投影，6 度分带。

坐标系及椭球参数：北京 54/克拉索夫斯基。

高程系统：1956 年黄海高程基准。

野外调查 GPS 定位数据：初始数据采用经纬度并在调查表格中记载；装入 GIS 系统与图件匹配时，再投影转换为上述直角坐标系坐标。

（2）数据库建立方法

1）属性数据库建立。属性数据库的内容包括田间试验示范数据、土壤与植物测试数据、田间基本情况及农户调查数据等。属性数据库的建立应独立于空间数据，按照数据字典要求在 SQL 数据库中建立。

2）空间数据库建立。空间数据库的内容包括土壤图、土地利用图、行政区划图、采样点位图等。应用 GIS 软件，采用数字化仪或扫描后屏幕数字化的方式录入。图件比例尺为 1：50 000。对于采样点位图，将采样点经纬度坐标转换成为方里网坐标再生成点位图，或先将经纬度坐标生成点位图后再进行坐标转换。

3）施肥指导单元属性数据获取。可由土壤图和土地利用现状图或行政区划图叠加求交生成施肥指导单元图。在指导单元图内统计采样点，如果一个单元内有一个采样点，则该单元的数值就用该点的数值，如果一个单元内有多个采样点，则该单元的数值可采用多个采样点的平均值（数值型取平均值，文本型取大样本值，下同）；如果某一单元内没有采样点，则该单元的值可用与该单元相邻同土种的单元的值代替；如果没有同土种单元相邻，或相邻同土种单元也没有数据则可用与之相邻的所有单元（有数据）的平均值代替。

（3）数据库的质量控制

1）属性数据质量控制。数据录入前应仔细审核，注意数值型资料的量纲、上下限，注意地名的汉字多音字、繁简体、简全称等问题，审核定稿后再录入。为保证数据录入准确无误，录入后还应逐条检查。

2）图件数据质量控制。扫描影像能够区分图中各要素，若有线条不清晰现象，需重新扫描。

扫描影像数据经过角度纠正，纠正后的图幅下方两个内图廓点的连线与水平线的角度误差不超过0.2°。

公里网格线交叉点为图形纠正控制点，每幅图应选取不少于20个控制点，纠正后控制点的点位绝对误差不超过0.2 mm（图面值）。

矢量化：要求图内各要素的采集无错漏现象，图层分类和命名符合统一的规范，各要素的采集与扫描数据相吻合，线划（点位）整体或部分偏移的距离不超过0.3 mm（图面值）。

所有数据层具有严格的拓扑结构。面状图形数据中没有碎片多边形。图形数据及属性数据的输入正确。

3）图件输出质量要求。图必须覆盖整个辖区，不得丢漏。

图中要素必有项目包括评价单元图斑、各评价要素图斑和调查点位数据、线状地物、注记。要素的颜色、图案、线型等表示符合规范要求。

图外要素必有项目包括图名、图例、坐标系及高程系说明、成图比例尺、制图单位全称、制图时间等。

4）面积数据要求。耕地面积数据以当地政府公布的数据（土地详查面积）为控制面积。

5）统一的系统操作和数据管理。设置统一的系统操作和数据管理，各级用户通过规范的操作，来实现数据的采集、分析、利用和传输等功能。

6. 肥料配方设计

（1）基于田块的肥料配方设计。基于田块的肥料配方设计，首先确定氮、磷、钾养分的用量，然后确定相应的肥料组合，通过提供配方肥料或发放配肥通知单，指导农民使用。肥料用量的确定方法主要包括土壤与植物测试推荐施肥方法、肥料效应函数法、土壤养分丰缺指标法和养分平衡法。

1）土壤、植物测试推荐施肥方法。该技术综合目标产量法、养分丰缺指标法和作物营养诊断法的优点。对于大田作物，在综合考虑有机肥、作物秸秆应用和管理措施的基础上，根据氮、磷、钾和中量元素、微量元素养分的不同特征，采取不同的养分优化调控与管理策略。其中，氮肥推荐根据土壤供氮状况和作物需氮量，进行实时动态监测和精确调控，包括基肥和追肥的调控；磷、钾肥通过土壤测试和养分平衡进行监控；中量元素、微量元素采用因缺补缺的矫正施肥策略。该技术包括氮素实时监控、磷钾养分恒量监控和中量元素、微量元素养分矫正施肥技术。

①氮素实时监控施肥技术。根据目标产量确定作物需氮量，以需氮量的30%～60%作为基肥用量。具体基施比例根据土壤全氮含量，同时参照当地丰缺指标来确定。一般在全氮含量偏低时，采用需氮量的50%～60%作为基肥；在全氮含量居中时，采用需氮量的40%～50%作为基肥；在全氮含量偏高时，采用需氮量的30%～40%作为基肥。

30%～60%基肥比例可根据上述方法确定，并通过“3414”田间试验进行校验，建立当地不同作物的施肥指标体系。有条件的地区可在播种前对 0～20 cm 土壤无机氮（或硝态氮）进行监测，调节基肥用量。

$$基肥用量（kg/亩）=\frac{（目标产量需氮量-土壤无机氮）\times（30\%\sim60\%）}{肥料中养分含量\times肥料当季利用率}$$

其中，土壤无机氮（kg/亩）=土壤无机氮测试值（mg/kg）× 0.15×校正系数

氮肥追肥用量推荐以作物关键生育期的营养状况诊断或土壤硝态氮的测试为依据，这是实现氮肥准确推荐的关键环节，也是控制过量施氮或施氮不足、提高氮肥利用率和减少损失的重要措施。

② 磷钾养分恒量监控施肥技术。根据土壤有（速）效磷、钾含量水平，以土壤有（速）效磷、钾养分不成为实现目标产量的限制因子为前提，通过土壤测试和养分平衡监控，使土壤有（速）效磷、钾含量保持在一定的范围内。对于磷肥，基本思路是根据土壤有效磷测试结果和养分丰缺指标进行分级，当有效磷水平处在中等偏上时，可以将目标产量需要量（只包括带出田块的收获物）的 100%～110%作为当季磷肥用量；随着有效磷含量的增加，需要减少磷肥用量，直至不施；随着有效磷的降低，需要适当增加磷肥用量，在极缺磷的土壤上，可以施到需要量的 150%～200%。在 2～3 年后再次测土时，根据土壤有效磷和产量的变化再对磷肥用量进行调整。首先需要确定施用钾肥是否有效，再参照上面方法确定钾肥用量，但需要考虑有机肥和秸秆还田带入的钾量。一般大田作物磷、钾肥料全部作为基肥。

③中微量元素养分矫正施肥技术。中量元素、微量元素养分的含量变幅大，作物对其需要量也各不相同。主要与土壤特性（尤其是母质）、作物种类和产量水平等有关。矫正施肥就是通过土壤测试，评价土壤中量元素、微量元素养分的丰缺状况，进行有针对性的因缺补缺的施肥。

2）肥料效应函数法。根据“3414”方案田间试验结果建立当地主要作物的肥料效应函数，直接获得某一区域、某种作物的氮肥、磷肥、钾肥的最佳施用量，为肥料配方和施肥推荐提供依据。

3）土壤养分丰缺指标法。通过土壤养分测试结果和田间肥效试验结果，建立不同作物、不同区域的土壤养分丰缺指标，提供肥料配方。

土壤养分丰缺指标田间试验也可采用“3414”部分实施方案。“3414”方案中的处理 1 为空白对照（CK），处理 6 为全肥区（NPK），处理 2、4、8 为缺素区（即 PK、NK 和 NP）。收获后计算产量，用缺素区产量占全肥区产量百分数即相对产量的高低来表达土壤养分的丰缺情况。相对产量低于 50%的土壤养分为极低；相对产量 50%～75%为低，75%～95%为中，大于 95%为高，从而确定适用于某一区域、某种作物的土壤养分丰缺指标及对应的肥料施用数量。对该区域其他田块，通过土壤养分测试，就可以了

解土壤养分的丰缺状况，提出相应的推荐施肥量。

4）养分平衡法

①基本原理与计算方法。根据作物目标产量需肥量与土壤供肥量之差估算施肥量，计算公式为：

$$施肥量=\frac{目标产量所需养分总量-土壤供肥量}{肥料中养分含量\times肥料当季利用率}$$

养分平衡法涉及目标产量、作物需肥量、土壤供肥量、肥料利用率和肥料中有效养分含量五大参数。土壤供肥量即为“3414”方案中处理1的作物养分吸收量。目标产量确定后因土壤供肥量的确定方法不同，形成了地力差减法和土壤有效养分校正系数法两种。

地力差减法是根据作物目标产量与基础产量之差来计算施肥量的一种方法，计算公式为：

$$施肥量=\frac{（目标产量-基础产量）\times单位经济产量养分吸收量}{肥料中养分含量\times肥料利用率}$$

基础产量为“3414”方案中处理1的产量。

土壤有效养分校正系数法是通过测定土壤有效养分含量来计算施肥量，计算公式为：

$$施肥量=\frac{作用单位产量养分吸收量\times目标主量-土壤测试值\times0.15\times土壤有效养分校正系数}{肥料中养分含量\times肥料利用率}$$

②有关参数的确定

——目标产量。目标产量可采用平均单产法来确定。平均单产法是利用施肥区前3年平均单产和年递增率为基础确定目标产量，计算公式为：

$$目标产量（kg/亩）=（1+递增率）\times 前3年平均单产（kg/亩）$$

——作物需肥量。通过对正常成熟的农作物全株养分的分析，测定各种作物百公斤经济产量所需养分量，乘以目标常量即可获得作物需肥量，计算公式为：

$$作物目标产量所需养分量（kg）=\frac{目标产量（kg）}{100}\times百千克产量所需养分量（kg）$$

——土壤供肥量。土壤供肥量可以通过测定基础产量、土壤有效养分校正系数两种方法估算：

通过基础产量估算（处理1产量），不施肥区作物所吸收的养分量作为土壤供肥量，计算公式为：

$$土壤供肥量（kg）=\frac{不施养分区农作物产量（kg）}{100}\times100\ kg产量所需养分量（kg）$$

通过土壤有效养分校正系数估算，将土壤有效养分测定值乘一个校正系数，以表达土壤“真实”供肥量。该系数称为土壤有效养分校正系数，计算公式为：

$$\text{土壤有效养分校正系数（\%）}=\frac{\text{缺素区作物地上部分吸收该元素量（kg/亩）}}{\text{该元素土壤测定值（mg/kg）}\times 0.15}\times 100\%$$

——肥料利用率。一般通过差减法来计算，利用施肥区作物吸收的养分量减去不施肥区农作物吸收的养分量，其差值视为肥料供应的养分量，再除以所用肥料养分量就是肥料利用率，计算公式为：

$$\text{肥料利用率（\%）}=\frac{\text{施肥区农作物吸收养分量（亩）}-\text{缺素区农作物吸收养分量（kg/亩）}}{\text{肥料施用量（kg/亩）}\times\text{肥料中养分含量（\%）}}\times 100\%$$

上述公式以计算氮肥利用率为例来进一步说明。

施肥区（NPK 区）农作物吸收养分量（kg/亩）："3414"方案中处理 6 的作物总吸氮量。

缺氮区（PK 区）农作物吸收养分量（kg/亩）："3414"方案中处理 2 的作物总吸氮量。

肥料施用量（kg/亩）：施用的氮肥肥料用量。

肥料中养分含量（%）：施用的氮肥肥料所标明的含氮量。

如果同时使用不同品种的氮肥，应计算所用的不同氮肥品种的总氮量。

——肥料养分含量。供施肥料包括无机肥料与有机肥料。无机肥料、商品有机肥料含量按其标明量，不明养分含量的有机肥料养分含量可参照当地不同类型有机肥养分平均含量获得。

单元 8

（2）县域施肥分区与肥料配方设计。在 GPS 定位土壤采样与土壤测试的基础上，综合考虑行政区划、土壤类型、土壤质地、气象资料、种植结构、作物需肥规律等因素，借助信息技术生成区域性土壤养分空间变异图和县域施肥分区，优化设计不同分区的肥料配方。主要工作步骤如下：

1）确定研究区域。一般以县级行政区域为施肥分区和肥料配方设计的研究单元。

2）GPS 定位指导下的土壤样品采集。土壤样品采集要求使用 GPS 定位，采样点的空间分布应相对均匀，如每 100 亩采集一个土壤样品，先在土壤图上大致确定采样位置，然后在标记位置附近采集多点混合土样。

3）土壤测试与土壤养分空间数据库的建立。将土壤测试数据和空间位置建立对应关系，形成空间数据库，以便能在 GIS 中进行分析。

4）土壤养分分区图的制作。基于区域土壤养分分级指标，以 GIS 为操作平台，使用 Kriging 等方法进行土壤养分空间插值，制作土壤养分分区图。

5）施肥分区和肥料配方的生成。针对土壤养分的空间分布特征，结合作物养分需求规律和施肥决策系统，生成县域施肥分区图和分区肥料配方。

6）肥料配方的校验。在肥料配方区域内针对特定作物，进行肥料配方验证。

（3）测土配方施肥建议卡（见表 8—4）。

表 8—4　　　　测土配方施肥建议卡

农户姓名：______ ____省____地（市）____县____乡（镇）____村　编号____

地块面积：______亩　地块位置：______________距村距离：______

	测试项目	测试值	丰缺指标	养分水平评价		
土壤测试数据	全氮（g/kg）			偏低	适宜	偏高
	碱解氮（mg/kg）					
	有效磷（mg/kg）					
	速效钾（mg/kg）					
	有机质（g/kg）					
	pH					
	有效铁（mg/kg）					
	有效锰（mg/kg）					
	有效铜（mg/kg）					
	有效锌（mg/kg）					
	有效硼（mg/kg）					
	有效钼（mg/kg）					
	交换性钙（mg/kg）					
	交换性镁（mg/kg）					
	有效硫（mg/kg）					
	有效硅（mg/kg）					

作物名称			作物品种		目标产量（kg/亩）	
		肥料配方	用量（kg/亩）	施肥时间	施肥方式	施肥方法
推荐方案一	基肥					
	追肥					
推荐方案二	基肥					
	追肥					

技术指导单位：　　　联系方式：　　　联系人：　　　日期：

7. 配方肥料合理施用

在养分需求与供应平衡的基础上，坚持有机肥料与无机肥料相结合，坚持大量元素与中量元素、微量元素相结合，坚持基肥与追肥相结合，坚持施肥与其他措施相结合。在确定肥料用量和肥料配方后，合理施肥的重点是选择肥料种类、确定施肥时期和施肥方法等。

（1）配方肥料种类。根据土壤性状、肥料特性、作物营养特性、肥料资源等综合因素确定肥料种类，可选用单质或复混肥料自行配制配方肥料，也可直接购买配方肥料。

（2）施肥时期。根据肥料性质和植物营养特性，适时施肥。植物生长旺盛和吸收养分的关键时期应重点施肥，有灌溉条件的地区应分期施肥。对作物不同时期氮肥推荐量的确定，有条件区域应采用实时监控技术。

（3）施肥方法。常用的施肥方式有撒施后耕翻、条施、穴施等。应根据作物种类、栽培方式、肥料性质等选择适宜施肥方法。例如，氮肥应深施覆土，施肥后灌水量不能过大，否则造成氮素淋洗损失；水溶性磷肥应集中施用，难溶性磷肥应分层施用或与有机肥料堆沤后施用；有机肥料要经腐熟后施用，并深翻入土。

三、计算机决策施肥原理及步骤

计算机具有运算快、精确度高、存储量大、能进行逻辑判断等优点，在科学计算、自动控制、数据处理、信息加工等领域中广泛应用。

（1）安排田间小区施肥试验，获得在不同土壤条件下甜菜的肥料利用率、肥料利用矫正系数等参数。

（2）建立田间管理档案，收集整理近年来土壤养分、施肥与作物产量等有关资料，找出适合本地的施肥规律，建立起以土壤养分管理和施肥为主体的信息系统。

（3）建立起土壤肥料管理咨询系统，在生产中应用，并在生产中进一步完善。

（4）加强培训，使职工认识到土壤养分失调对作物的损害，帮助职工对自己种植的土地进行化验，了解土壤中氮、磷、钾等的含量，再通过计算机辅助决策指导职工有针对性的施肥。

（5）引导职工通过多施生物性肥料、有机肥料、腐殖酸肥料等，不施或少施化学肥料来改善土壤结构，以达到甜菜稳产、高产的目的。

第二节　病虫草鼠害防治

→ 能够识别检疫性病虫草害

→ 能够应用预测预报数据，制定综合防治措施

一、甜菜检疫性病虫草害

甜菜检疫性病虫草害是根据每个国家或地区为保护本国或本地区甜菜生产的实际需要和当地甜菜病、虫、草害发生的特点而制定的。

二、病虫草鼠害统计分析方法

统计病虫草鼠害时，只有掌握病虫草鼠害在时间和空间上的数量变化，基本方法是深入实际，调查统计，掌握数据，才能对情况做出正确的分析判断。

病虫草鼠害在田间的分布形式常因种类、发生阶段（早期、中期或后期）而不同，也随地形、土壤、甜菜的品种和栽培方式等而变化。调查病虫草鼠害在田间的发生情况，先弄清病虫草鼠害在田间的分布型，采用相应的调查方法，调查结果就更符合田间实际情况，常见的分布方式有以下几种：

1. 随机分布

随机分布也称为波松分布，通常分布稀疏，个体之间的距离不等，但分布较均匀，调查取样时每个个体出现的几率相等。

2. 非随机型

非随机型分布不均匀，可分为以下两种：

(1) 核心分布型，也称为奈曼分布。昆虫在田间分布成很多小集团，形成核心，并自核心作放射状蔓延。核心之间是随机的，核心内常是较浓密的。

(2) 嵌纹分布型，也称为负二项分布型。昆虫在田间呈不规则的疏密互间状态，通常是浓密的分布。

三、预测预报基础

病虫草鼠害的预测预报工作，是以已掌握的病虫草鼠害发生规律为基础，根据当前病虫草鼠害发生数量和发育状态，结合气候条件和甜菜发育等情况，进行综合分析，判断病虫草鼠害未来的动态趋势，保证及时、经济、有效地防治病虫草鼠害。它的主要任务是预报病虫草鼠害发生危害的时期，以便确定防治的有利时期，预报病虫草鼠害发生数量的多少和危害性的大小，以便确定防治的规模和力量部署；预报病虫草鼠害发生的地点和轻重范围，以便按不同的地区采取不同的对策。

影响病虫草鼠害种群发生动态的因素多种多样，关系错综复杂，这些因素对不同种病虫草鼠害的影响也不一致。因此，需要针对具体的病虫草鼠害深入调查研究，进行具体分析，特别要找到对病虫草鼠害发生起决定性作用的主导因素，只有这样，才能用简便易行的方法对害虫的发生做出较准确的预报。

四、综合防治

（1）强化植物检疫，防止病虫传播。秋播期间，各地要把好种子调运检疫关，以免甜菜恶性杂草通过种子及病残体传播扩散。

（2）抓好农业防治，进行生态调控。采取抗病虫品种、合理轮作、深翻土壤、精细整地、施用腐熟粪肥、配方施肥等栽培措施，优化农田环境，培育健壮苗，提高甜菜抗逆和抑制病虫草发生危害的能力。播前农田进行机耕、深翻、耙耱，通过物理措施、机械清除，杀伤土壤中的病、虫、鼠、草体和繁殖器官，减少病虫草侵染源；做好品种合理布局，压缩高感病品种，扩大耐病品种种植面积；根据当地主要病虫草发生规律，适当控制播种期、播种量，做到适期精量播种，避开病虫危害关键时期，防止造成适宜病虫孳生的环境。

单元 8

（3）科学使用化学农药控制病虫危害

1）做好土壤处理和药剂拌种，预防地下害虫。土壤处理对地下害虫危害较重、虫口密度达 5 000 头/亩以上的田块，必须在播前进行土壤处理，才能有效控制其发生危害。防治时可选用 40%毒死蜱乳油 500 mL/亩，或 50%辛硫磷乳油 200 mL/亩，拌成毒土均匀撒施；或选用 50%辛硫磷颗粒剂 2 kg/亩，随种子施入。药剂拌种：对虫口密度较小的田块，可采用 40%辛硫磷乳油按种子量的 0.2%拌种。

2）积极推广化学除草技术。

3）普及推广农田害鼠防治技术。物理防治有夹打、水灌等方法。夹打，查出有效洞，选用弓形夹、踏板夹、锁喉箭、鼢鼠雷、地箭等，对准洞口分布安放，定时查看，及时收回死鼠。水灌，先将有效洞口挖成漏斗状，然后向洞内猛灌水。化学防治，常用鼠药有溴敌隆、氯敌鼠钠盐、敌鼠钠盐、杀鼠迷等。直接选购毒饵或按说明自配毒饵投施。另外，也可选用熏蒸性杀虫剂磷化铝投入洞内，然后封死洞口，可有效熏杀害鼠。进行种子药剂拌种、处理土壤及配制杀鼠毒饵时，必须严格执行农药安全操作规程，做好人身安全防护工作。药剂处理后的种子和杀鼠毒饵，必须妥善保管，不要留做食用或饲料，以避免人畜中毒。

（4）抓好示范，推动全面防治。在病虫草防治的关键时期，及早确定防治示范点，落实防治示范用物资，并定期组织技术人员深入基层，进行技术指导，全面控制病虫草鼠害，为甜菜丰产打下良好的基础。

第三节 中低产田改良

培训目标

→ 掌握高产稳产农田建设的基本要求

→ 能够制定有效的土壤改良措施

一、甜菜高产稳产农田建设的基本要求

高产稳产甜菜农田建设的目标是：建设“旱涝保收、水旱两用、土肥泥活、环境良好、高产稳产”的农田。要根据各地具体条件，开展“以治水、改土、防护为中心，实行山、水、田、林、路、渠、电为主要内容的综合治理”。

对农田的基本要求：田面平整，排灌自如；土层深厚，土肥泥活；坡地梯田，等高耕作；抗御灾害，旱涝保收；保护环境，生态平衡；田园绿化，高产稳产。

对以上要求，各地可根据实际情况制一定具体的标准。例如，近年来出现的甜菜高产田的需求是：土地平整，土层深厚，一般在平原地区；能灌能排，年亩供水量（包括降水与灌溉）1 000 mm 左右；无障碍性因素，如盐碱、过沙、石砾等；年供肥量 N40 kg，P_2O_5 20 kg；农田田块整齐，沟、渠、路、林、电配套。

以上甜菜高产稳产农田的要求是一个整体，各地气候、土壤、地形、地貌、水文条件不同，生产水平、管理水平也不一样，这些要求应有各自的建设重点和具体的标准要求。而这些标准或要求也并非一成不变，是随着生产水平的提高、经济的发展和技术的进步而相应改变的，这些标准是动态的、发展的。因此，农田建设必须经常、持久地坚持下去。只有这样，地力才能常新，农业才会有后劲，甜菜生产才会持久、协调发展。

二、土壤改良与培肥方法

农田培肥是土壤改良体系中一项重要的保障措施，兵团在长期生产实践中，积累了行之有效的提高土壤有机质的丰富经验，归纳起来有以下几项措施。

1. 施用有机肥

据调查，高产团场、高产作物都非常重视施用有机肥。有机肥资源丰富的地区，亩施优质厩肥应不少于 1 t，或施用优质纯羊粪 100～200 kg 并施油渣 100 kg，为甜菜高产奠定肥力基础。

有机厩肥具有养分全面、pH 值适中、肥效稳定、活化土壤、改良土性、就地取材、来源广泛、成本较低等优势。厩肥全磷含量高，含钾也高，是目前农田有效钾的主要来源之一。亩施优质厩肥 1.5～2 t，即可维持土壤有机质的平衡。

2. 大力发展绿肥和填闲绿肥

（1）草木樨是新疆优良绿肥品种，间套在小麦地、油菜地、玉米地里，每亩可得鲜草 3 t，相当于施尿素 35 kg、三料磷肥 7 kg，而且留下大量有机质。发展草木樨绿肥，技术简便，投资小，收益大。

（2）油葵绿肥具有解磷作用，可增加土壤的速效磷含量。发展复播油葵绿肥，是行之有效的培肥改土重要途径。南北疆均可利用麦收后有效光热资源种植一茬填闲绿肥。

3. 秸秆还田

秸秆养分含量高，在耕翻地前将其粉碎还田，不仅补充了土壤有机质的亏损，而且归还了部分氮、磷、钾等营养元素，秸秆还田是农田改土培肥、维护农田有机质平衡的重要措施。

4. 油渣（饼肥）还田

为了落实兵团提出的“五肥齐抓”的精神，在兵团垦区实行增施有机厩肥，大力发展绿肥，实行秸秆还田和油渣还田，长此以往，持之以恒，土壤肥力就会经久不衰，为作物持续高产、稳产、优质、高效奠定坚实可靠的物质基础。

第四节　自然灾害预防

→ 能够制定自然灾害预防措施

→ 了解灾害性天气及其对作物的危害

一、自然灾害

甜菜生产受气象条件的影响很大，如果气象条件超出农业生物所能适应的范围和农业技术措施的调节能力，农业生物生长发育就会受到损害，致使产品数量和质量严重下降。这种由于气象条件异常给农业生产带来的损害，统称农业气象灾害。农业气象灾害是一类主要的自然灾害。我国较严重的农业气象灾害有旱灾、作物冷害、霜冻、作物和经济林木的越冬冻害、涝害、雹害、风害等，它们是造成我国农业收成不稳定的重要因素。因此，抗御农业气象灾害是我国农业生产上一项艰巨而长期的任务，对农业生产的发展有极其重要的意义。

防御农业气象灾害的主要对策是：发展水利灌溉、平整土地、改良土壤等农田基本建设，提高抗灾能力；营造农田防护林，以有效防御干旱、高温热害和干热风；根据地区农业气象灾害的发生规律，特别是其季节分布特点，进行作物和品种布局；因地制宜地推行防灾抗灾的农业技术措施，以减轻或避免灾害损失，如适时播种，土壤耕作，合理灌溉，以水调温，增施肥料，改良土壤结构，灾前抢收，灾后补救等；采用喷洒抗旱剂、增温剂、萘乙酸、乙烯利等化学药剂，可以减轻干旱、干热风、低温冷害的危害；建立不同地区防灾抗灾、稳产增产的农业技术体系，从农业系统的整体着手提高抗灾能力，做到有灾防灾，无灾增产。

二、灾害性天气

灾害性天气是指能够对人类、生活或生存环境造成破坏和损失的特殊天气。有时在天气现象上并没有显得特殊，但是如果气象要素持续处于对农业生产不利的状态，也能导致严重的后果。

1. 大风、沙尘暴

大风和沙尘暴主要是天气系统和寒潮造成的，加速甜菜叶片蒸腾，使气孔关闭，降低光合强度，叶片枯萎及机械损伤，可以加剧冻害和旱害，并传播病虫害。

2. 霜冻

霜冻是指在春季的温暖时期里，由于冷空气侵入和辐射冷却，植株体温下降，使作物遭受伤害或者死亡的一种农业气象灾害。霜冻与气象学中的霜在概念上不同，前者是与作物受害联系在一起的，后者仅是一种天气现象（白霜）。发生霜冻时，如果空气中水汽含量少，可能不出现白露（黑霜）。

3. 干旱

旱灾是指干旱对农业所造成的严重损害。干旱是一种因长期无雨或少雨造成空气干燥、土壤缺水的气象现象。由于干旱，土壤中的有效水分消耗殆尽，加之空气干燥，植物根系吸收不到足够的水分去补偿蒸腾的消耗。使作物体内的水分平衡遭到破坏，影响正常的生理活动，出现萎蔫至枯死。长期大范围的干旱形成旱灾，使农业大幅度减产，甚至无收。

4. 低温冷害

低温冷害是在甜菜生长季节里0℃以上、有时甚至是在接近20℃的温度条件下，对甜菜产生的危害。这种温度之所以会危害农作物，是因为不同作物在其生育的不同阶段，生理上要求的适宜温度与能忍受的临界低温大不相同。一般在苗期和生育后期要求的适温和能忍受的临界低温相当高。此时如果出现相对低温，就会延缓作物一系列生理活动的速度，甚至会破坏其生理活动机能。

5. 雹害

雹害是指降雹给甜菜生产造成的直接或间接危害。冰雹下降时因机械破坏作用，使甜菜叶片、茎秆等遭受损伤；降雹后地面积雹，造成土壤板结，严重时会使甜菜发生冻害。此外，雹害还能引起甜菜的各种生理障碍以及病虫害等间接危害。

单元测试题

一、填空题（请将正确答案填在横线空白处）

1. 肥料效应田间试验是获得各种作物________、________、施肥比例、施肥时期、施肥方法的根本途径，也是筛选、验证土壤养分测试方法，建立施肥指标体系的基本环节。

2. 肥料用量的确定方法主要包括土壤与植物测试推荐施肥方法、________、土壤养分丰缺指标法和________。

3. 灾害性天气是指能够对人类、生活或生存环境造成________和________的特殊天气。

二、简答题

1. 防御农业气象灾害的主要对策是什么？

2. 甜菜高产稳产农田建设的基本要求是什么？

单元 8

单元测试题答案

一、填空题

1. 最佳施肥数量　施肥品种

2. 肥料效应函数法　养分平衡法

3. 破坏　损失

二、简答题

答案略。

第9单元

技术管理

第一节　生产计划的编制

- 能够及时了解甜菜的市场信息，拟订甜菜种植结构方案
- 能够根据国家标准，组织无公害、绿色、有机甜菜的生产
- 能够根据国家计划、粮食安全等要求，调整种植计划

一、农产品市场预测

农产品市场预测指农业生产前对生产的农产品进行市场需求分析，了解农产品市场价格，了解当前农产品价格变动的规律和原因，针对农产品价格受短期市场影响较大的特点，提出农产品价格预测模型，指导农业生产农产品总量和生产作物布局安排。

1. 预测的基本原则

（1）广泛性原则。即收集信息时尽量全面，不仅收集直接反映市场交易活动的信息，而且要收集与市场供求有关的信息。

（2）准确性原则。即收集信息时力求准确，能真实反映事物的本来面目，避免误听误信，造成决策失误。

（3）针对性原则。即收集信息有较强的针对性，紧紧围绕农户经营需要去收集信息，节省收集信息的时间和耗费。

（4）及时性原则。即收集信息时力求迅速，有较强的时间观念。然后对收集的信息进行分析，包括对信息的鉴别、筛选、综合、析义、推导等工作，从而掌握市场变化的动向。

2. 预测的内容

（1）信息鉴别。将不同渠道获得的同一时期信息对照比较，或者将同一渠道获得的不同时期的信息加以对照比较，判明信息的真伪。例如，某农户从他人那里得知某种农产品在批发市场上价格上涨，但同时通过电话联系，知道价格已经回落，就可以判断所听传言不准确，避免盲目经营。

（2）信息筛选。剔除信息中那些多余的内容，抓住实质内容，例如，某农户通过收听广播，得知某大城市自选农特产品热销的报道，联想起自己经营的特产——芋头，立即与自选市场联系，将产品全部销售出去。

（3）信息综合。从一两条信息中往往只能看到市场交易活动的一个侧面，只有综合分析多种信息，才能掌握市场动态。例如，某饲养肉鸡专业户从广播中得知大豆出口量增加的信息，又从市场调查中了解到肉鸡价格趋升，综合这些信息判断饲料价格可能会上升，立即购买了一些较便宜的肉鸡饲料储存起来。当饲料价格上涨时，便可以获得理想的经济效益。

(4) 信息分析。把收集的信息逐层深入分析，从原始信息中得到真正有利用价值的信息。例如，某农户从新闻报道中得知北方数省迅速发展蔬菜大棚的信息，联想到蔬菜大棚增多后，向北方运销鲜菜的成本高，难以与当地大棚鲜菜竞争，但北方蔬菜大棚增多后，肯定对蔬菜种子的需求量增加，故改为经营蔬菜良种，并取得了较好的效益。

(5) 信息推导。经营者运用自己丰富的知识和经验，寻找市场机会。例如，某团一个甜菜种植专业户，从一次偶然的机会中得知师部要对甜菜收购原料进行一定价格上涨，他立即抓住这一机会，数次到师部有关部门了解收购价格的情况，证实涨价情况，自己承包地全部种植甜菜，同时科学种植，当年获得高产、高效益。

二、优化农产品布局

优势农产品，是指在我国的资源和生产条件较好、商品量大、市场前景广阔，在国内市场与国外产品竞争有优势，能够抵御进口冲击的农产品，或在国际市场上具有竞争优势，能够进一步扩大出口的农产品。

优化农产品区域布局，有利于发挥各地的比较优势，提高农业产业化经营水平；有利于集中投入，改善农业生产条件；有利于推广和运用农业现代科学技术，加强农业生产的科学管理，促进农业现代化。

开展优势农产品区域布局，要遵循自然规律和经济规律。要从资源和市场这两个基点出发，坚持“按比较优势布局”“按市场需求布局”。既要充分考虑各地资源条件，也要充分考虑市场潜力，防止出现新的积压。要尊重农民的生产经营自主权，尊重农民意愿，保护农民权益。凡是与农民利益有关的问题，都要和农民商量，不能搞强迫命令，不能强制推行统一种植和统一经营；即使是经济效益好的品种，如果农民不接受，也要通过示范和引导，让他们自愿改变种植品种和经营方式。

开展优势农产品区域布局工作，要重点抓好5个关键环节。一是产业化。这是推进优势农产品区域布局的重要形式。要重点扶持龙头企业，发挥其在开拓市场、引导基地、加工增值、科技创新、标准化生产等方面的带动作用。二是科技进步。这是发展优势农产品的决定性因素。要有重点地进行科研开发，加快引进、选育和推广优良品种，加速品种更新换代。大力推进良种良苗的育、繁、产、加、销一体化，把种业当做推动优势农产品发展的先导产业来抓。三是质量安全。这是检验优势农产品区域布局成效的重要标准。必须坚持以质取胜的原则，加强农产品质量监督和市场监管。四是标准化建设。这是现代农业的重要标志。要对规划确定的优势农产品，制定科学、完备的标准体系，尽快与国际标准接轨，建设好优质农产品标准化生产基地。五是市场信息服务。这是推进优势农产品区域布局的关键。要重点加强市场体系和农业信息体系建设。

三、农产品质量安全

农产品是指来源于农业的初级产品，即在农业活动中获得的植物、动物、微生物及其产品。

农产品质量安全，是指农产品质量符合保障人的健康、安全的要求。制定农产品质量安全标准应当充分考虑农产品质量安全风险评估结果，并听取农产品生产者、销售者和消费者的意见，保障消费安全。农产品质量安全标准应当根据科学技术发展水平以及农产品质量安全的需要，及时修订。

人民政府农业行政主管部门应当采取措施，推进保障农产品质量安全的标准化生产综合示范区、示范农场、养殖小区和无规定动植物疫病区的建设。禁止在有毒有害物质超过规定标准的区域生产、捕捞、采集食用农产品和建立农产品生产基地。禁止违反法律、法规的规定，向农产品产地排放或者倾倒废水、废气、固体废物或者其他有毒有害物质。农业生产用水和用作肥料的固体废物，应当符合国家规定的标准。农产品生产者应当合理使用化肥、农药、兽药、农用薄膜等化工产品，防止对农产品产地造成污染。

农产品质量安全是近年来社会关注的突出问题。提高农产品质量，确保农产品质量安全，不仅是提高我国人民群众生活质量和增强农产品国际竞争力的需要，而且是提高农业效益、增加农民收入的需要。

为了提高蔬菜、水果的食用安全性，保证产品的质量，保护人体健康，发展无公害农产品，促进农业和农村经济可持续发展，国家质量监督检验检疫总局特制定农产品安全质量标准（GB 18406 和 GB/T 18407），以提供无公害农产品产地环境和产品质量国家标准。农产品安全质量分为两部分，即无公害农产品产地环境要求和无公害农产品产品安全要求。

1. 无公害农产品产地环境要求

《农产品安全质量》产地环境要求 GB/T 18407—2001 分为以下 4 个部分：

（1）《农产品安全质量　无公害蔬菜产地环境要求》（GB/T 18407.1—2001）。该标准对影响无公害蔬菜生产的水、空气、土壤等环境条件按照现行国家标准的有关要求，结合无公害蔬菜生产的实际做出了规定，为无公害蔬菜产地的选择提供了环境质量依据。

（2）《农产品安全质量　无公害水果产地环境要求》（GB/T 18407.2—2001）。该标准对影响无公害水果生产的水、空气、土壤等环境条件按照现行国家标准的有关要求，结合无公害水果生产的实际做出了规定，为无公害水果产地的选择提供了环境质量依据。

(3)《农产品安全质量　无公害畜禽肉产地环境要求》(GB/T 18407.3—2001)。该标准对影响畜禽生产的养殖场、屠宰和畜禽类产品加工厂的选址和设施，生产的畜禽饮用水、环境空气质量、畜禽场空气环境质量及加工厂水质指标及相应的试验方法，防疫制度和消毒措施按照现行标准的有关要求，结合无公害畜禽生产的实际做出了规定。从而促进我国畜禽产品质量的提高，加强产品安全质量管理，规范市场，促进农产品贸易的发展，保障人民身体健康，维护生产者、经营者和消费者的合法权益。

(4)《农产品安全质量　无公害水产品产地环境要求》(GB/T 18407.4—2001)。该标准对影响水产品生产的养殖场、水质和底质的指标及相应的试验方法按照现行标准的有关要求，结合无公水产品生产的实际做出了规定。从而规范我国无公害水产品的生产环境，保证无公害水产品正常的生长和水产品的安全质量，促进我国无公害水产品生产。

2. 无公害农产品产品安全要求

《农产品安全质量》产品安全要求 GB 18406—2001 分为以下 4 个部分：

(1)《农产品安全质量　无公害蔬菜安全要求》(GB 18406.1—2001)。本标准对无公害蔬菜中重金属、硝酸盐、亚硝酸盐和农药残留给出了限量要求和试验方法，这些限量要求和试验方法采用了现行的国家标准，同时也对各地开展农药残留监督管理而开发的农药残留量简易测定提出了方法原理，旨在推动农药残留简易测定法的探索与完善。

(2)《农产品安全质量　无公害水果安全要求》(GB 18406.2—2001)。本标准对无公害水果中重金属、硝酸盐、亚硝酸盐和农药残留提出了限量要求和试验方法，这些限量要求和试验方法采用了现行的国家标准。

(3)《农产品安全质量　无公害畜禽肉安全要求》(GB 18406.3—2001)。本标准对无公害畜禽肉产品中重金属、亚硝酸盐、农药和兽药残留给出了限量要求和试验方法，并对畜禽肉产品微生物指标提出了要求，这些有毒有害物质限量要求、微生物指标和试验方法采用了现行的国家标准和相关的行业标准。

(4)《农产品安全质量　无公害水产品安全要求》(GB 18406.4—2001)。本标准对无公害水产品中的感官、鲜度及微生物指标做了要求，并给出了相应的试验方法，这些要求和试验方法采用了现行的国家标准和关的行业标准。

绿色食品标准由农业部发布，属于强制性国家行业标准，是绿色食品生产中必须遵循、绿色食品质量认证时必须依据的技术文件。绿色食品标准是应用科学技术原理，在结合绿色食品生产实践的基础上，借鉴国内外相关先进标准所制定的。

目前绿色食品标准分为两个技术等级，即 AA 级绿色食品标准和 A 级绿色食品标准。

AA 级绿色食品标准要求：生产地的环境质量符合《绿色食品产地环境质量标准》，生产过程中不使用化学合成的农药、肥料、食品添加剂、饲料添加剂、兽药及有害于环境和人体健康的生产资料，而是通过使用有机肥、种植绿肥、作物轮作、生物或物理方法等技术，培肥土壤、控制病虫草害、保护或提高产品品质，从而保证产品质量符合绿色食品产品标准要求。

A级绿色食品标准要求：生产地的环境质量符合《绿色食品产地环境质量标准》，生产过程中严格按绿色食品生产资料使用准则和生产操作规程要求，限量使用限定的化学合成生产资料，并积极采用生物学技术和物理方法，保证产品质量符合绿色食品产品标准要求。

有机食品以有机农业生产体系为前提，有机农业是一种完全不用化学合成的肥料、农药、生长调节剂、畜禽饲料添加剂等物质，也不使用基因工程生物及其产物的生产体系，其核心是建立和恢复农业生态系统的生物多样性和良性循环，以维持农业的可持续发展。

国际有机农业运动联合会（IFOAM）给有机农业下的定义为：有机农业包括所有能促进环境、社会和经济良性发展的农业生产系统。这些系统将农地土壤肥力作为成功生产的关键。通过尊重植物、动物和景观的自然能力，达到使农业和环境各方面质量都最完善的目标。有机农业通过禁止使用化学合成的肥料、农药和药品而极大地减少外部物质投入；相反，利用强有力的自然规律来增加农业产量和抗病能力。有机农业坚持世界普遍可接受的原则，并据当地的社会经济、地理气候和文化背景具体实施。因此，IFOAM强调和运行发展当地和地区水平的自我支持系统。从这个定义可以看出有机农业的目的是达到环境、社会和经济三大效益的协调发展。有机农业非常注重当地土壤的质量，注重系统内营养物质的循环，农业生产要遵循自然规律，并强调因地制宜的原则。在有机农业生产体系中，作物秸秆、畜禽粪肥、豆科作物、绿肥和有机废弃物是土壤肥力的主要来源；作物轮作以及各种物理、生物和生态措施是控制杂草和病虫害的主要手段。有机农业生产体系的建立需要有一个有机转换过程。

有机农产品与其他优质农产品的最显著差别是，前者在其生产和加工过程中绝对禁止使用农药、化肥、激素等人工合成物质，后者则允许有限制地使用这些物质。因此，有机农产品的生产比其他农产品难得多，需要建立全新的生产体系，采用相应的替代技术。有机农产品是一类真正源于自然、富营养、高品质的环保型安全农产品。

第二节　技术研究与开发

→ 能够根据生产中存在的问题，开展试验研究与技术创新

→ 能够指导甜菜的良种繁育

→ 能够根据相关专题撰写论文

一、实验研究基本知识

农作物实验研究的特点和优点是可以严格控制实验条件，可以缩短研究周期限，可

以最大限度地获取反映实验效应的样本和资料，可以进行作物生长的长期效果和远期效应的观察，可以进行一些大田生产做不到的实验。实验研究必须遵守需要性、目的性、创新性、先进性、科学性、可行性、效能性等原则。

实验研究的基本程序包括立题、实验设计、实验和观察、实验结果的处理分析、研究结论。

实验设计有三大要素，有处理因素、受试对象、实验效应。实验设计有三大原则，即对照原则、随机原则、重复原则。对照形式有空白对照、假处理对照、历史对照、自身对照、标准对照、相互对照。

实验观察与记录。一是观察要仔细、灵敏。二是记录要及时、完整。三是原始记录应标明各种项目并保。四是必须对原始数据进行处理和分析。

二、甜菜品种的提纯复壮

糖用甜菜种子分为多粒型和单粒型两种类型。多粒型甜菜种株花枝苞叶叶腋处通常长出3～5朵花成簇聚生，播种1粒多粒种可以长出数株甜菜苗，而单粒型甜菜的种株，花枝苞叶叶腋处只生长1朵花，发育后形成1个单果，播种后只长出1株甜菜苗，单粒种甜菜的种仁大，产量高20%左右，出苗快，子叶宽大肥厚，胚轴和胚根粗壮，生长势强，幼苗百株重比多粒种甜菜提高1倍左右，并且苗期抗病抗灾力也强于多粒种，根产量高。同时，单粒型甜菜杂交种具有适合机械化栽培、精量播种、节约劳力、降低甜菜生产成本等优点。因此，单粒型甜菜杂交种已在世界甜菜生产国家普遍种植。但由于甜菜是二年生异花授粉作物，杂交率很高，很容易混杂退化，尤其是单粒型甜菜杂交种一旦与多粒种甜菜发生生物或机械混杂会造成优良性状的破坏，单粒率下降，失去了单粒种的意义，最终导致生产力下降，因此，在单粒型杂交制种中，关键是防止混杂、提高制种纯度。

三、甜菜杂交制种

用来繁殖甜菜种子的块根称为母根。因为母根是用来繁殖种子的，所以，母根质量好坏，不仅影响块根当年的耐储性，而且影响来年种子的产量和质量，对后代原料甜菜的产量和含糖量也有一定的影响。因此，生产上对甜菜母根的质量要求比对原料甜菜高。

1. 母根培育方式

我国甜菜母根的培育方式有两种，即春播母根和夏播母根。春播母根是春天播种育出的甜菜母根，一般北方无霜期短的产区多采用这种培育方式。夏播母根即是夏播作物收后复播育出的甜菜母根，一般在无霜期较长的地区采用这种培育方式，和春播母根比较，培育夏播母根具有如下优点：扩大复种指数，提高土地利用率；缩短采种繁殖时间，可利用当年收获的种子夏播；繁殖系数高；夏播母根生长健壮，生活力强，病虫害较少，耐储性好，种子产量高，质量好；夏播母根较春播母根小，收、削、运、储及第二年母根栽培均比较省工，种子生产成本低。所以，有条件的地区都应培育和利用夏播母根。

2. 母根培育要点

(1) 培育地的选择。选择春播母根的培育地时，应选中等肥力、地下水位低（小于1.5 m)、土层深厚、无或少盐碱的地，前茬以棉麦为宜，不宜连作。

夏播母根生育期仅 80～90 天，应当选肥沃土壤培育，多施基肥，以促为主，以利于其在短时间里长到一定大小。

(2) 播种期及栽植密度。春播母根的播种期可以稍晚于原料甜菜，新疆北部多数地区夏播母根必须在 7 月下旬以前播下，保证生育期不少于 80 天。

春播母根栽植密度为 105 000～135 000 株/hm^2，夏播母根为 150 000～195 000 株/hm^2。夏播母根保苗较春播难，所以，母根栽培的播种量应达到 18 kg/hm^2。

母根培育的行距以 50～60 cm 为宜，这样可以获得整齐一致中等重量的母根。若按 105 000～135 000 株/hm^2 的密度计算，1 hm^2 母根地可供 2～4 hm^2 采种地栽培。

(3) 施肥及浇水。无论是春播母根还是夏播母根，应适当控制氮肥，增施磷、钾肥，以利于其积累糖分和早熟，减少有害氮含量，增强耐储性。

单元 9

在母根生育期内，应比原料根少灌 1～2 次水，使母根质地充实，有利于储藏。夏播母根系在 7 月下旬、8 月初气温高时播种，必须为其出苗创造低温湿润的条件，出苗前 1～2 天一定要采用细流沟灌的方式灌水。

(4) 收获、修削及临时储藏。母根宜在气温降至 5～10℃时收获，于霜冻前结束，一般比原料根早收获 5～10 天。

母根的修削以不伤顶芽、侧芽，不见白皮为准，一般留叶柄 0.5～1.0 cm，切除直径在 0.5 cm 以下的根尾。

收获时要做到随起拔，随修削，随精选，并进行临时储藏。因为此时气温尚高，过早窖藏容易发生霉烂。临时储藏的时间为 20～25 天。待气温下降到 0℃以后再正式下窖储藏。受冻、受伤的母根在临时储藏中会变黑，在正式下窖时应捡出。

母根临时储藏的方法是：在正式储窖旁边堆成高 0.5 m 高、宽 1 m、长不限的长堆，堆中竖 40 cm 直径的苇捆 1～2 束，在堆上盖 10～15 cm 厚的湿土，堆温保持在 0～5℃，超过 10℃应当翻堆散热。

3. 母根的选择

为了保持母根的优良种性，在母根培育过程中，应当多次选择。第一，间苗时去掉弱、病苗及异品种混杂苗，留壮苗；第二，收获前去杂去劣，对当年抽薹等杂、劣株，用镰刀砍去叶丛或铁锹削去 1/3～1/2 根头作为标记，收获时予以淘汰；第三，收获时选根型、根色正常，主根直，无大分杈根的母根，根重春播母根为250～300 g，夏播母根为100 g以上，而且要根头小、无多头、不空心，无病虫害、无机械损伤，母根新鲜不萎蔫及未受冻害者。凡不符合要求者一律作原料根处理。

4. 母根的储藏

收获后经过临时储藏的母根，当日平均气温下降到1～3℃时，为正式入窖储藏时期。母根冬季窖藏的好坏，直接关系到第二年采种栽培种子产量的高低和质量的好坏。在窖藏环境中，要特别控制好温度和湿度，若窖温过高，会提高母根呼吸强度，使根头顶芽生长，消耗块根内储藏的养分，影响以后种株的生长发育，而且容易诱发窖腐病菌繁殖；同时窖温过高，也会妨碍母根顺利通过春化阶段，增加不抽薹株率。相反，窖温过低，又会使母根受冻。所以，窖温最好控制在1～2℃（不超过3～4℃），相对湿度为85%～95%。

目前生产上采用的窖式和窖藏方法主要有死窖和活窖，各地必须根据自然气候条件等不同，选用适当窖式。

四、甜菜采种株的栽培要点

甜菜采种株生长发育的最大特点是生育期短，生长量大，需肥水多。采种株从母根栽植到收获仅100天左右，在此期间，母根不仅要长出大量新根和再生叶，而且要完成抽薹、开花、结实等生殖生长的全过程。与甜菜第一年营养生长期比较，其生长量要大得多，需肥水也多得多。因此，甜菜采种株的栽培一定要紧紧抓住这一生育特点，只有满足植株的生育要求，才能获得高产优质的甜菜种子。

1. 选地

甜菜采种地，要求含盐轻，土层深厚、肥沃，土质疏松，杂草少，排灌方便，以壤土为好；重黏土、沙土、重盐碱土均不宜作甜菜采种地。前茬以麦茬最好，棉花、玉米次之，忌重茬、迎茬。因为甜菜是异花授粉作物，不同品种的甜菜采种地间必须有500～2 000 m的空间隔离，而且以种植高秆作物隔离为宜。

2. 播前整地

甜菜采种地，必须进行伏耕或秋耕，并且进行秋灌、冬灌和冬前平整土地，以利春季早栽母根、早出苗，促进采种株根系发育。一般秋耕地较春耕地早出苗10天左右，出苗率增加10%左右。

3. 母根出窖与栽植

（1）母根出窖。母根必须于当天出窖当天栽植，当天栽不完的要用湿土封好，严禁风吹日晒，否则会使其萎蔫，降低栽植后的出苗率、抽薹抽液氯率和增加抽薹株不实率。

（2）母根栽植

1）栽植时期。母根栽植时期应当根据当地气候条件决定，当 5 cm 处土温达 4～5℃（地面解冻 20～25 cm）时，就可栽植。夏播母根根体小，气温高时栽植更容易失水萎蔫，宜适当早栽。母根适期早栽，利于顺利通过春化阶段，提高出苗率、抽薹率，增加多枝型采种株，提高种子产量。

2）栽植方法及密度。母根栽植方法分为两种，即机力开沟挖坑穴栽和人工挖坑穴栽。前者省工，进度快，适宜大面积采种栽培，但质量较差，易跑墒，株距不准确；后者与之相反，适宜小面积采种栽培。机力开沟，沟深应达 20～28 cm，人工辅助挖坑，沟施或穴施种肥，土肥拌匀。无论采取哪种栽植方法，都必须做到：挖大坑栽植，培土踩实；使湿土与母根紧密相接，以利于生根出苗。母根栽植盖土深度因土质而定，沙质土应比黏重土盖厚一些，一般盖土厚度在 3 cm 左右。开沟栽植的母根一般栽后 1～3 天内灌水，使土、根密切接触，减少跑墒。

母根栽植密度，春播母根采用 60 cm×（50～60）cm 行株距，保苗 27 000～30 000 株/hm^2；夏播母根采用 60 cm×（30～40）cm 行株距，保苗 42 000～48 000 株/hm^2 为宜。

4. 采种地的田间管理

（1）中耕、松土、除草。甜菜采种株生育期短，生长速度快，田间管理必须及时细致。当田间有 1/3 采种母根出苗时，应及时解放因覆土过厚或灌水后淤土过厚的幼苗。出苗后及时中耕松土除草，抽薹结束时进行第二次松土除草。中耕深度 8 cm 左右。松土应与灌水和解放苗相结合，以利扎根，出苗早发。

（2）灌水。甜菜采种株生长繁茂，耗水多，只有及时灌溉才可获得高产。新疆甜菜采种栽培一般灌水 4 次以上，总灌量 4 500 m^3/hm^2 以上。一般于母根栽植后 1～3 天内灌头水，若土墒足，也可推迟；第二水在苗期至抽薹期灌，并结合进行第一次追肥，以促叶丛生长和早抽薹，增加分枝；第三水在现蕾期至初花期灌，促花增多和种球增大；第四水在开花终期灌；第五水即灌浆水在收获前一个月灌，以促进种子成熟饱满。种子成熟前半个月，一定要停水，以防贪青晚熟。

（3）施肥。甜菜采种株需肥量大，尤其需要磷、钾肥较多。采种株在不同的生育时期需肥量有较大差别，出苗至抽薹需要大量氮肥，孕蕾到开花需要较多磷、钾肥。因此，必须根据土壤肥力和采种株需肥特点施肥。

1）基肥。采种田一般施有机肥 30～45 t/hm^2，加入部分氮、磷化肥，混匀后，结合伏、秋耕翻入土中。

2）种肥。甜菜采种株根系分布浅，同时逐棵栽植，定植时沟施或穴施种肥，既方便，又对其生长有利。种肥宜以速效氮、磷肥配合腐熟的羊粪、马粪等有机肥拌匀后沟施或穴施用量为尿素 75 kg/hm^2＋过磷酸钙 225 kg/hm^2＋有机肥 15 000 kg/hm^2。施种肥时，土、肥必须拌匀后，才能栽植母根，防止肥料烧根。

3）追肥。在施用基肥、种肥的基础上，采种株在生育间仍需追肥 1～2 次。第一次在抽薹前或开始抽薹时施用，以增加抽薹数和分枝数，同时促进开花结实及种子成熟。追肥种类以速效氮肥为主，配合磷肥，还可加入部分腐熟的厩肥，追肥量为尿素 225～300 kg/hm^2＋过磷酸钙 150～225 kg/hm^2＋腐熟肥 1 500 kg/hm^2。机器条施或人工穴施，肥料距种株 10～20 cm，施深 10～12 cm。若为夏播母根采种田，还应加大施肥量，因为夏播母根小，在采种株生长的同时，母根还要长大，需肥量较春播母根多。若第十次追肥后，植株还缺肥，应在现蕾期适当补施一些肥料，以充分满足植株生长需要。追肥应与灌水结合进行，以充分发挥肥效。

（4）割主薹和摘心。割主薹的目的是变单枝型为多枝型。应在主薹高达 4～5 cm 时将其割去。甜菜是复穗状无限花序，花期长，种子成熟期不一致。摘心的目的在于控制采种株花序的无限生长和养分的无效消耗，使养分集中用于前、中期已形成的种球上，促使种子饱满，全株种球成熟一致，提高种子的产量和质量。甜菜采种株摘心可增产种球 10%，种球千粒重增加 1.0～1.7 g，发芽率达 85%以上。摘心是甜菜采种栽培中一项重要的技术措施，一般在采种株开花后 7～15 天进行，摘掉种株上主、侧花枝顶端 2～3 cm 的尖端部分。摘心也可以采用化学处理的方式，即在开花期间，用 0.01%～0.02%的青鲜素（抑芽丹）溶液喷洒种株，使花枝顶端生育受阻，达到摘心的目的。化学摘心作用全面、省工、省力。

（5）人工辅助授粉。甜菜是异花授粉作物，以风媒花为主，花期长，人工辅助授粉，可以提高种子产量 5%～10%。常用的方法为拉绳法，即在采种田始花后的 5～14 天，于盛花期在上午露水落干后，用一条 4～5 m 的长绳，绳上拴若干片长 20 cm、宽 15～20 cm 的麻袋片，二人拉紧绳的两头，横向在采种田间走动，使花枝振动，花粉散落，每 5 天进行一次，一般以 2～3 次为宜。

（6）防治病虫害。新疆采种甜菜生育期间的主要病害有甜菜白粉病、褐斑病、黄化病毒病等，因种株发病较早，应加强防治或及时拔出病株，以免传播到原料甜菜地及母根培育地。主要虫害有：甜菜象甲是苗期毁灭性的害虫，藜花瓢虫危害甜菜花蕾及花朵，甘蓝夜蛾和三叶草夜蛾幼虫主要在盛花期及种子开始形成期危害。对这些害虫，均应及时进行化学防治，以免影响种株生育和种子产量。

5. 收获脱粒

（1）收获时期与方法。甜菜为无限开花习性，种子成熟不一致。因此，种子成熟与否，不能以采种株枝叶干枯变黄去判断，而要从种子本身去鉴别。一般当植株上有 30%～50%种球变成黄色，上部种球黄绿色或种球发红，种子胚乳呈粉状，为收获适期。新疆甜菜种子成熟期一般在 7 月中旬至 8 月上旬，春播种株的成熟期差异较大，可以分期收获，田间成熟一片收一片，分 2～3 次收完。夏播种株成熟比较一致，可以一次收获。可用镰刀割下花枝，5～6 株为一捆，3～5 捆竖成一堆，立于田间，晒 2～3

天，待花枝变软，种球易于脱落时，趁早上有露水，在 3～5 天内及时拉运至晒场脱粒。

（2）脱粒方法。脱粒方法一般有 3 种，即摔打法、碾压法、闷垛法。前两种方法是将运至晒场的花枝，组织人力进行摔打或碾压，将种球脱下来。必须注意的是：脱粒时间要适时，花枝过湿，种球不易脱下；过干，种球中的碎茎过多，降低种子的品质，又增加清选种子的劳力。

闷垛法是将运入晒场的种株堆成宽 1.5 m、高 1.0 m 的长条，堆闷 5 天左右，但必须每天检查，当用手抖动种株种球即脱落时立即脱粒、扬净过筛、晒干，使种球萼片保持鲜黄色入库。

五、论文撰写

很多人觉得科学研究很深奥，高不可攀。其实科学研究并不神秘，关键要有科研意识。经常思考问题并撰写论文就是培养科研意识、提高科研能力的一条重要途径。

1. 科学论文及其特点

科学论文，是指作者根据所制定的科研项目和确定的科研课题，通过实验、观察等获得大量科学数据，在此基础上进行分析研究，得出科学结论，从而写出的科研报告。一般农业工作者写的科学论文，比其他科技工作者写的科学论文要短一些、浅一些，是农业工作者在生产实践活动中进行科学观察、实验或考察后的一种成果的书面总结。它的表现形式多种多样，可以是对某一事物进行细致观察和深入思考后得出的结论，可以是动手实验后分析得出的结论，也可以是对某地进行考察后的总结，还可以靠逻辑推理得出结论。

科学论文必须具备以下几个特点：

（1）科学性。科学性是科学论文有别于其他各类体裁文章的重要特点之一，是科学论文的生命。它要求选题科学，研究方法正确，论据确凿，论证合理且符合逻辑，文字简洁准确。

（2）创造性。论文的选题、主要观点要有自己新的发现、独特的见解，而且对生产有实际意义，同样的论文没有参加过各级科学讨论会，也没有在各级报刊上发表过。如果在别人研究的基础上进一步研究，提出新颖、独到而又论据充分、言之有理的见解也是可行的，不失创造性。

（3）实践性。论文选题必须是作者本人在科学探索活动中发现的；支持主要观点的论据必须是作者通过观察、考察、实验等亲自获得的，有实践依据；论文必须由作者本人撰写，不能有凭空捏造、猜测、包办代替的迹象。

以上“三性”是衡量一般农业工作者科学论文的质量标准。写科技论文是一件艰辛的工作，更是一项意义重大的活动。

2. 论文的撰写方法

撰写论文的过程就是养成科研习惯的过程，也是提高表达能力、形成科学思维的过程。因此，努力写出高质量的论文是非常重要的。

首先是选题。选择难度适宜的题目，是做好研究和写出高质量论文的保证。在学习、工作中，要学会发现问题，选择有较大价值的问题，努力寻求解决问题的方法，进行创造性的思考和研究。

其次是大量收集资料。收集资料可以了解所选课题的背景和研究的现状。科研是创新的工作，要有新的思考和发现，所以，已经研究清楚的事情，就不要重复劳动，新的研究应在过去的基础上继续创新。通过深入分析各种资料，上升到一定的理论高度，提出科学的见解。

最后是整理思路撰写论文。论文语言要严谨准确、逻辑清晰、有理有据、确有创新。论点要鲜明，以科学的论据为基础，有科学的设想和推理。一下子写出很好的论文很难，只有有意识培养自己，才会不断进步。

单元测试题

一、填空题（请将正确答案填在横线空白处）

1. 农产品质量安全，是指农产品质量符合保障人的________、________的要求。

2. 糖用甜菜种子分为________和________两种类型。

二、简答题

简述农产品市场预测的四项原则。

单元测试题答案

一、填空题

1. 健康　安全

2. 多粒型　单粒型

二、简答题

答案略。

第10单元

培训指导

第一节　技术培训

→ 能够拟订高级工和技师培训计划

→ 能够准备高级工和技师培训的资料、实验用材和实习现场

一、培训计划拟订方法

培训计划必须从甜菜生产发展的需要出发，满足企业和职工两方面的要求，考虑当地资源条件与职工素质基础，考虑技术培训的超前性及培训效果的不确定性，确定职工培训的目标，选择培训内容及培训方式。

高级工和技师的需求各不相同，需要培训的内容也不同，拟订培训计划时就要选择不同内容的课程。

甜菜种植培训计划，要针对不同层次的培训对象，选择不同的培训内容。作为高级技师，要制定具体的执行细节和预算，然后参考以往的培训计划，进行汇总，制订培训计划，确定培训课程，并把培训预算和培训方案报给企业领导裁定。培训结束，要对培训实施情况作出总结，分析参加培训后产生的效果及出现的问题，今后培训应注意的事项，提出下次培训的重点等。

拟订培训计划一般可按照以下步骤进行：明确企业甜菜发展战略和年度目标→ 调查职工现状和明确培训需求→ 制定培训目标→确定课程内容学员对象→选择培训方法→选择教师→编写培训计划表→培训经费预算→年中实施评估→年末总结。

这里说明一下编制培训预算的方法：

培训实际是一种投资，如果没有培训就是投资的理念，企业的培训工作乃至人力资源工作恐怕很难做好。

国际上一般大的跨国公司的培训费用支出占其总销售额的1%～3%，最高的占7%，这与其所在行业有关，如知识型行业，培训费就要多一点，像会计师事务所、管理咨询公司等就高很多。

目前国内企业培训费用的比率一般要低得多，在市场竞争比较激烈的行业，如IT、家电，有些大企业培训费用能够占销售额的2%左右，一般规模在十几亿左右的民营企业，其培训费用大概为0.2%～0.5%。

编制培训预算应量力而行。在确立当地年甜菜生产量的条件下，可根据有多少职工需要生产技能培训、培训时间定为多长、培训地点选择在哪、培训需要外聘教师多少、计划外出培训职工的人次等内容编制培训预算，拟订培训计划。

二、培训计划的注意事项

1. 落实负责人或负责单位

培训计划的拟订和实施，关键是落实负责人或负责单位。要建立责任制，明确分工。培训工作的负责人要有一定的工作经验和工作热情，要有能力落实培训计划和培训预算，要善于协调与生产部门和其他职能部门的关系，以确保培训计划的实施。

2. 确定培训的目标和内容

确定培训的目标和内容，可以通过组织分析、工作分析、个体分析进行。组织分析就是对整个机构的目标、计划、条件等加以分析，以决定培训重点所在。工作分析主要是分析工作人员怎样才能胜任工作，应具备哪些必要的知识和技能，以决定培训目标。个体分析就是对每个人员的具体情况进行分析，并找出与工作要求的差距，以决定培训内容。培训内容一定要符合实际需要。

3. 选择适当的培训方法

培训方法在前面已经有所介绍。每种方法都有不同的侧重点，因此，必须根据培训对象的不同，选择适当的培训方法。除了要考虑人员特点外，还要靠企业客观条件的可能性。

4. 选择学员和教师

除基础知识普遍轮训之外，参加培训的学员必须有针对性，资金应当用在生产亟待解决的问题上。这样才能做到投资省、见效快。企业职工文化层次有差异，最好不要盲目学习同一课程，否则一方面部分学员跟不上教学进度，达不到培训的目的，另一方面可能会增加企业投资而收效甚微。

选择教师对培训的顺利进行非常重要。一些企业的培训经验表明，任课教师要具备较高的理论知识，并有实践经验，要了解当地的生产经营环境，这样才能达到良好的培训效果。

5. 编制培训计划表

制表的目的是明确培训的内容、时间、地点、方式、要求等，使人一目了然。同时也便于安排企业其他工作。

三、培训教师应具备的条件

基层职工培训的教育者要具备的条件是：

（1）具备丰富的专业知识，熟悉自己的专业以及教学方法。

（2）能负责管理与督导学生的学习，能系统地思考自己的教学，并从经验中学习。具有有效解决问题的能力、敏锐的观察力、良好的思考能力等。

(3) 对教育心理学的内容有所了解，能够因材施教。

(4) 能关注学生，重视并了解职工的兴趣并引导学习。

在企业职工培训中，学员普遍存在的问题是文化水平低，多为初中毕业生，高中毕业生较少，学习专业知识的很少，接受新知识的能力较弱。在教学过程中，要考虑到这些方面。要运用教育心理学的知识，把培训工作做得扎实有效。

教师在具备丰富的专业知识的同时，要学会反向思考，把自己放在职工的角度上，研究分析职工对学习方法的所需，根据职工文化水平、工作经验、实际操作能力，拟订一套可行的教学计划。对长期从事大田生产的职工来讲，最直观的教学方法可能更易于接受，在学习必要的基础理论知识的前提下，针对他们的生产条件和生产程序，逐个分析每个生产环节可能出现的问题，并提出有效解决的方法，对职工培训会有较好的效果。

经验丰富的优秀教师通常会思考许多层面，同时对自己的教学及时反思，以不断提高自己教学的有效性。而有的教师特别是新教师无法充分反思其教学，有些则从不反思。因此，如何培育反思教学的能力和态度，是教师专业成长重要的关键。

优秀教师的主要特点在于他们具备有效解决问题的能力、敏锐的观察力以及良好的思考能力，有比较完整的知识和经验储存，这使他们在进行教学规划、互动教学和反思时能比较顺利。

第二节　技术指导

→ 能够给高级工和技师授课、实验示范和实训示范

→ 能够指导高级工和技师进行农作物生产活动

一、语言表达技巧

在职工培训时，适当应用语言表达技巧，可以提高教学效果。例如，在授课时谈到关于甜菜病虫害防治的问题时，有些学员可能要问，没有发生病虫害，为什么要打药呢？记得有位教师在授课时这样回答：你家的小孩为什么要在没病的时候服用小儿麻痹糖丸呢？结果在引起满堂大笑的同时，轻松地回答了这个问题，巧妙地把预防为主的理念灌入学员的头脑里。讲述各种微量元素在甜菜生长中所起的作用，分析甜菜缺钾、钙时发生的变化等，一些化学知识不足的学员可能不易明白这个道理。如果换一种解释方法，就可能容易理解一些。就人体生长发育而言，缺少微量元素，如缺少锌、钙，会影

响儿童健康的生长发育，会造成小孩偏瘦、矮小等。甜菜生长也是同样的道理，缺少微量元素会影响产量。因此，要注重植物生长中各种元素的合理搭配。

对于甜菜施肥水多少的问题，也可以人对食物、水的摄取为例。人每天对食物的需求是有一定量的，食物和水少了，在影响人正常消耗的同时，对身体也不利，可能表现为弱不禁风，对甜菜来说，可能就会出现弱苗；食物和水多了，会造成肥胖而引发各种疾病，同时对资源来说也是一种浪费，对甜菜来说可能会造成旺苗，因水多引起一些病害，而且造成物资的浪费。用比拟的方法说明肥水对植物生长的影响，可以加深学员对问题的理解。

甜菜授课中的语言技巧许多，如对甜菜叶片长势的描述，形容壮苗的叶片，常使用叶色油绿、肥厚、具有光泽、韧性好、不易折断等，也是一种表达方法。当然，这是就语言的表达技巧而言的。就整个培训讲稿写作技巧而言，还要注意构思立意的技巧。例如，可以借鉴达·芬奇从画鸡蛋开始，创造艺术辉煌的事迹，告诉学员学习要扎扎实实，从基础抓起；或以“良好的开端与良好的结尾，一对接就变为了圆满”，来说明圆满的事业是持之以恒的过程的道理。在对职工进行技术培训时，要抓住职工心理的关键问题，引发他们的学习兴趣，开拓他们的思维。

学习语言描摹表达技巧的方法有以下几个：第一，多读，名家笔下，描摹技巧是非常精美独到的。第二，多想，潜移默化，必然领悟。把知识和职工息息相关的生活联系在一起。第三，多学。不要放弃每一个学习机会，因为每位教师授课时都有独到的见解。

二、实训示范

要培养高级农艺工和技师，就必须加强实践教学环节，提高学员的动手能力和解决实际问题的能力，使学员在培训期间就受到实际操作的锻炼，全力提升学员的实践能力和综合素质。

为了创造较好的甜菜农艺工实践教学条件，以保障教学质量，必须加强甜菜实训基地建设。

实训基地的建设，是一项系统工程，涉及方方面面，要以全面规划、分步实施、逐步完善的思路和其典型性、先进性和实用性，较好地实现培养人才、服务“三农”的目标。

甜菜农艺工强调生产实践和动手能力，在实训项目的设计上和仪器配置上应尽量模拟行业实际，使学生完成实训内容的同时，能够接受实践能力的训练。最好以实验田的形式存在，收集各类甜菜品种，由教师指导学生进行生产、管理全过程，完成学生单项技能训练，起到示范作用。学生自愿结合成课外活动小组参加，训练学生科研、动手能力，培养其个性发展。选择一些生产示范田，教师指导学生利用专业活动时间参与生产管理，培养学生综合运用专业知识的能力，并对学生技术技能掌握程度进行测试考核。

教师主动将课堂搬进甜菜示范田或大田，开展直观教学，教师言之有物，讲解直观生动，学生看得清楚，学得明白，记得扎实，使理论与实践、教学与生产有机结合，课堂教学质量就能有明显提高。教师既要进行理论教学，又要讲解实践操作，要做给学生看，带着学生干，做到言传身教。

单元测试题

一、填空题（请将正确答案填在横线空白处）

1. 企业职工的培训计划，就是要针对不同层次的人制定不同的________。

2. 对长期从事大田生产的职工来讲，最直观的教学方法可能更易于接受，在学习必要的基础理论知识的前提下，针对他们的________和________，逐个分析每个生产环节可能出现的问题，并提出有效解决的方法，对职工培训会有较好的效果。

二、简答题

为基层职工培训的教育者要具备的条件有哪些？

单元测试题答案

一、填空题

1. 培训

2. 生产条件　生产程序

二、简答题

答案略。

甜菜种植（高级技师）理论知识考核试卷

一、填空题（请将正确答案填在横线空白处；每空 2 分，共计 28 分）

1. 肥料效应田间试验是获得各种作物________、________、施肥比例、施肥时期、施肥方法的根本途径，也是筛选、验证土壤养分测试方法，建立施肥指标体系的基本环节。

2. 肥料用量的确定方法主要包括土壤与植物测试推荐施肥方法、________、土壤养分丰缺指标法和________。

3. 灾害性天气是指能够对人类、生活或生存环境造成________和________的特殊天气。

4. 农产品质量安全，是指农产品质量符合保障人的__________、__________的要求。

5. 糖用甜菜种子分为________和________两种类型。

6. 农产品质量安全，是指农产品质量符合保障人的__________、__________的要求。

7. 农作物实验有三大原则，即对照原则、________原则、________原则。

二、选择题（下列各题的选项中，至少有 1 个是正确的，请将其代号填在横线空白处；每题 4 分，共计 20 分）

1. 甜菜块根是由水分和干物质组成的，在成熟的块根中平均含有________的水分。

A. 25％　　B. 30％　　C. 50％　　D. 75％

2. “3414”是指________个因素（氮、磷、钾）、________个水平、________个处理。

A. 3　4　14　　B. 34　1　4　　C. 3　41　4　　D. 3　4　41

3. 采样必须多点混合，每个样品取________个样点。

A. 5～10　　B. 10～15　　C. 15～20　　D. 20～25

4. 实验设计三大要素为________、________、________。

A. 处理因素　　B. 受试对象　　C. 实验效应　　D. 处理对象

5. 母根宜在气温降至________℃时收获，于霜冻前结束，一般较原料根早收获 5～10 天。

A. 5～10　　B. 10～15　　C. 15～20　　D. 20～25

三、判断题（下列判断正确的请打“√”，错误的打“×”；每题3分，共计15分）

1. 试验地应选择平坦、整齐、肥力均匀，具有代表性的不同肥力水平的地块。（ ）

2. 为保证试验精度，减少人为因素、土壤肥力和气候因素的影响，田间试验一般设1～2个重复（或区组）。（ ）

3. 由于甜菜作物生长的不均一性，一般采用多点取样，避开田边2 m，按梅花形（适用于采样单元面积小的情况）或“S”形采样法采集。（ ）

4. 甜菜检疫性病虫草害是根据每个国家或地区为保护本国或本地区甜菜生产的实际需要和当地甜菜病、虫、草害发生的特点而制定的。（ ）

5. 灾害性天气是指能够对人类、生活或生存环境造成破坏和损失的特殊天气。（ ）

四、简答题（合计37分）

1. 防御农业气象灾害的主要对策是什么？（15分）

2. 甜菜高产稳产农田建设的基本要求是什么？（12分）

3. 简述农产品市场预测的四项原则。（10分）

试卷

甜菜种植（高级技师）理论知识考核试卷答案

一、填空题

1. 最佳施肥数量　施肥品种
2. 肥料效应函数法　养分平衡法
3. 破坏　损失
4. 健康　安全
5. 多粒型　单粒型
6. 健康　安全
7. 随机　重复

二、选择题

1. D　2. A　3. C　4. ABC　5. A

三、判断题

1. √　2. ×　3. √　4. √　5. √

四、简答题

答案略。